变电站无人机
智能巡检技术

李端姣　张　英　主编

中国电力出版社
CHINA ELECTRIC POWER PRESS

内容提要

本书紧扣电力行业无人机发展趋势，重点介绍了变电站无人机智能巡检技术的研究及应用。本书共分为 7 章，包括概述、变电站无人机巡检安全性研究、变电站三维建模、变电站无人机航线规划、变电站无人机智能巡检系统建设、变电站无人机智能巡检应用、总结与展望。

本书可供从事变电站无人机智能巡检工作的相关人员使用，也可供相关专业高校师生参考。

图书在版编目（CIP）数据

变电站无人机智能巡检技术 / 李端姣，张英主编 . —北京：中国电力出版社，2024.4
ISBN 978-7-5198-8673-8

Ⅰ . ①变…　Ⅱ . ①李…　②张…　Ⅲ . ①无人驾驶飞机—应用—输电线路—巡回检测　Ⅳ . ① TM726

中国国家版本馆 CIP 数据核字（2024）第 063974 号

出版发行：中国电力出版社
地　　址：北京市东城区北京站西街 19 号（邮政编码 100005）
网　　址：http: //www.cepp.sgcc.com.cn
责任编辑：苗唯时
责任校对：黄　蓓　于　维
装帧设计：郝晓燕
责任印制：石　雷

印　　刷：三河市万龙印装有限公司
版　　次：2024 年 4 月第一版
印　　次：2024 年 4 月北京第一次印刷
开　　本：787 毫米 ×1092 毫米　16 开本
印　　张：10.75
字　　数：240 千字
印　　数：0001—1500 册
定　　价：86.00 元

本书编委会

主　　编　李端姣　张　英

副 主 编　李文胜　陈　赟　刘建明　李雄刚

参编人员　孙文星　杨文聪　范兴凯　梁永超　郭军杰　黄榆耀　苏健宏

张锡田　吴　昊　刘　高　易　琳　颜大涵　洪焕森　李昌煜

林佳润　罗恩晟　陈志沛　贾子然　姚隽雯　黄佳灵　郑长明

黄汉生　樊道庆　麦晓明　杨英仪　杨梓瀚　蔡　力　陈凯旋

前 言

变电站作为电力系统和电网传输电能的枢纽，其安全可靠运行直接影响到人们的生活发展和整个社会的正常运行。变电站设备巡检工作至关重要，是保障电网安全运行和可靠供电的重要支撑。传统的变电站巡检以人工巡检为主，依靠运行和维护人员的主观判断和经验，劳动强度大，巡检成本高，工作效率低，巡视质量不稳定，急需利用新技术新手段寻求更为实用和高效的变电站巡检方法。

无人机技术快速发展，其飞行高度较高，视角更广阔，巡检无死角、无盲区，可以近距离、全方位监视变电站运行设备的状态，并及时发现缺陷，有效解决巡视盲区问题，弥补常规巡视、监控的不足，提升巡视的质量。但是，变电站内设备分布较为密集，且各种高压母线、跨接引线等带电导线走向错综复杂，电磁场强度较高，无人机在变电站巡检存在较大的安全风险。因此，如何在变电站实现无人机自动化巡检，是当前面临的挑战。

近年来，广东电网有限责任公司系统研究变电站无人机智能巡检技术，率先开展无人机在变电巡检领域规模化应用，2022 年在全国范围内首次实现省级电网变电站无人机自主巡检全覆盖。为推动变电站无人机智能巡检技术研究和应用、提高电网设备安全运行水平，作者编写《变电站无人机智能巡检技术》。

本书详细介绍变电站无人机智能巡检技术，主要分为七章，具体章节安排如下：第 1 章为概述，介绍本书的研究背景和意义，并对变电站智能巡检和以无人机为载体的变电站智能巡检的研究现状进行分析，介绍无人机变电站智能巡检技术。第 2 章将理论研究和试验研究相结合，对变电站无人机巡检安全性问题进行深入探讨。理论研究方面采用基于有限元法的三维电磁场建模，计算变电站设备和无人机在不同模拟工况下的电磁场的分布情况，分析其安全性能并提供理论参考。试验研究方面包括临近试验、穿越试验、电晕试验、电磁场抗扰度试验、碰撞试验研究等，评估无人机在不同情况下的安全性能。第 3 章介绍变电站三维建模方法，包括倾斜摄影建模、激光雷达建模、BIM 建模、融合建模等，这些方法能够以更精准的方式重建变电站的空间结构和实景感，为后续的巡检任务提供准确的基础数据。第 4 章介绍变电站无人机航线规划技术，包括子母航线、同纵同横的航线规划方法，对两种规划方法的适用场景进行描述。从航线规划的重要因素出发，介绍航点与航线在设计过程中对航点的质量要求，从作业安全、作业效率、巡检质量等方面进行详细介绍，结合航线示例说明，为无人机智能巡检提供航线基础。第 5 章介绍变电站无人机智能巡检系统的建设。介绍硬件装备的功能性能及维护保养，展示软件系统平台的功能模块及图像识别算法的开发和应用，阐述系统调试部署的流程。第 6 章通过日常巡检、特殊巡检、辅助巡检等典型巡检模式，介绍变电站无人机智能巡检多场景应用，并探讨在变电站立体协同巡检和输电、变电、配电网格化联合巡检等领域的应用拓展。第 7 章是总结与展望。

由于经验和理论水平所限，书中难免出现疏漏和不妥之处，敬请读者批评指正。

作者

2023 年 12 月

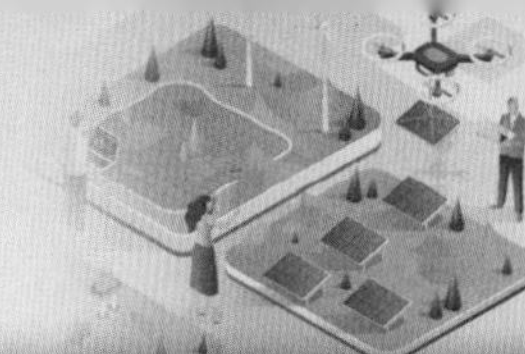

目　录

第1章 概 述

1.1 变电站智能巡检技术现状及问题分析

变电站的正常运行直接关系整个电力系统的稳定安全，变电站巡检是变电站运行和维护中的重要一环，是保障变电站内各种重要电气设备的安全与稳定的关键步骤。变电站巡检主要的方式有人工巡检、机器人巡检、视频巡检及无人机巡检，目前逐渐向着智能化的方向发展。

人工巡检主要是运维人员根据以往巡检的经验，通过观察电力设备表面、红外测温、听电力设备运行时发出的声音等方式来判断电力设备是否出现故障。这种巡检方式不仅效率低下，受运维人员技术水平的影响大，存在人身安全风险。随着变电站设备规模日渐增多，人工巡检方式已经不能满足变电站运维需求。

国内外都在积极研究智能机器人开展变电站设备巡检，这种巡检方式是多学科交叉的新兴产物，结合了计算机、高电压绝缘、电子通信、电磁兼容等技术，通过给巡检机器人设置路径导航，让机器人自动检测电气设备的热缺陷、运行状况以及仪器仪表读数，进行数据分析对比，将出现的故障情况和潜在的风险信息反馈给运维人员，运维人员按照给出的故障报告及时采取应对措施。

在20世纪80年代末期，日本研究出的地下管网巡检机器人用于监测275kV地下管网的运行情况，到90年代，日本又研制出配电线路巡检机器人；美国研发的变电站检测机器人可以搭载红外线设备实现电力设备的自动缺陷检测，同时可以定位出局部放电部位；新西兰研发的电力巡检机器人采用了全球定位系统（GPS），具有语音交互和自主避障功能。我国变电站巡检机器人的研究较晚，国网山东省电力公司电力科学研究院于1999年开展了第一批变电站巡检机器人的研究，并于2004年研发了第一台巡检机器人样机。当前，我国许多地区的变电站内的巡检方式已经从人工巡检转变为机器人巡检，巡检机器人与电力技术相结合，使得变电站运维工作更加精准高效。

近年来，国内学者在变电站巡检机器人分层混合式巡检模式、路径规划算法、图像识别检测、视觉定位、协同巡检、新型巡检机器人等方面开展了研究，提出巡检机器人应朝着小型工具化、高度集成化、智能化的方向发展。

变电站巡检机器人的应用在一定程度上推动了变电站巡检的智能化，提高了巡检效率，降低了巡检成本。但是因为巡检机器人自身的结构限制，其巡检时候的视角偏低，在实际的变电站巡检的过程中不能直接检测高压设备的上表面或者被阻挡的高压设备。另外，由于变电站内部设备众多且密集，机器人的巡检路线容易受到限制从而产生诸多不便。

利用视频摄像头开展变电站设备的巡检也是一种实现变电智能巡检的重要技术手段。摄像头在变电站使用中通常结合计算机技术、音视频技术、网络技术，可实现变电站视频信息、环境信息的采集和应用。

国内学者对基于视频监控的变电站智能巡检系统开展了众多研究，利用视频监控对变电站关键设备运行状态进行智能识别和判断，重点分析了工程化配置、可视化联动及智能巡检功能的应用原理，实现电网的设备工况远程监视、事故及障碍辅助分析、应急指挥及演练、反事故演习、安全警卫、各类专项检查等功能。

视频摄像头的使用推动了变电巡视的智能化发展，但其高昂的成本，对大面积部署使用造成一定的投资成本。大型变电站的巡视点位近万个，可见光与红外摄像头的无死角全覆盖带来的成本是巨大的。另外，变电站设备巡视摄像头常常在户外部署，户外恶劣天气极易影响摄像头的稳定性。摄像头的维护往往需要对系统架构、设备构造等有一定的知识储备，站内运维人员常常无法解决，摄像头的在线率和可用率得不到保证。

采用无人机巡检则可以避免这些问题。首先，无人机成本与技术门槛相较于巡检机器人、摄像头来说均较低；其次，无人机巡检的视野宽阔，采用全球定位系统（GPS）或者载波相位差分技术（RTK），不需要进行复杂的路径规划，灵活性好，不受变电站的狭窄地形和高压设备的影响，代替人工的攀爬巡检使得许多工作可以在完全带电的环境下迅速完成；同时，无人机自带高清的云台摄像头，可实现360°无死角巡检，也可以在无人机上搭载需要的仪器设备进行数据采集。将无人机技术与变电站巡检技术相结合是构建智能化变电站的关键一步。

但是目前无人机变电站巡检技术处于发展阶段，与变电站巡检机器人技术相比还不成熟。对于无人机巡检技术，目前国内外主要的研究方向还是无人机巡检输电线路，对于无人机巡检变电站遇到的各种问题没有深入的研究。要将无人机技术完全利用到变电站巡检中，还需要更多的研究和试验。

1.2 变电站无人机智能巡检技术

变电站无人机智能巡检是指利用无人机为平台搭载可见光、红外、紫外等任务传感器对变电站内的设备、设施进行巡视和检测，并将巡检结果传入后台，通过人工或智能识别的技术，及时发现设备缺陷及隐患。

变电站无人机智能巡检的目标主要为变电站的高空一次设备，主要包括以下几个关键

点：①对避雷针、绝缘子线夹以及变电站的母线杆塔的设备外观进行常规检查；②检查高空一次设备上是否存在如风筝、树枝、塑料袋、鸟巢等较大的异物；③检查隔离开关的闸刀分合状态，以及一些重要的高压表计、互感器油位读数；④检查互感器、变压器以及一些开关设备的本体及套管、绝缘子是否出现发热的情况。

相较于传统的人工巡检，采用变电站无人机智能巡检一方面可极大地提升巡视效率，通过无人机自动巡检完成部分人工巡视内容，可有效减少人工巡视工作量；另一方面，广泛提升巡视范围，无人机可到达设备顶部、高处构架、高处表计进行拍摄与测温。通过户外变电站规模化无人机智能巡检建设，可推动变电运行人员从设备巡视等传统业务向后台监控、数据分析及智能终端维护等业务转移，实现变电生产业务及运行人员数字化转型，推动生产管理模式升级变革，实现提质增效目标。

变电站无人机智能巡检的关键技术主要包括变电站无人机巡检安全性研究、变电站三维建模、巡检航线规划及变电站无人机智能巡检系统研发，其各部分关系如图 1–1 所示。

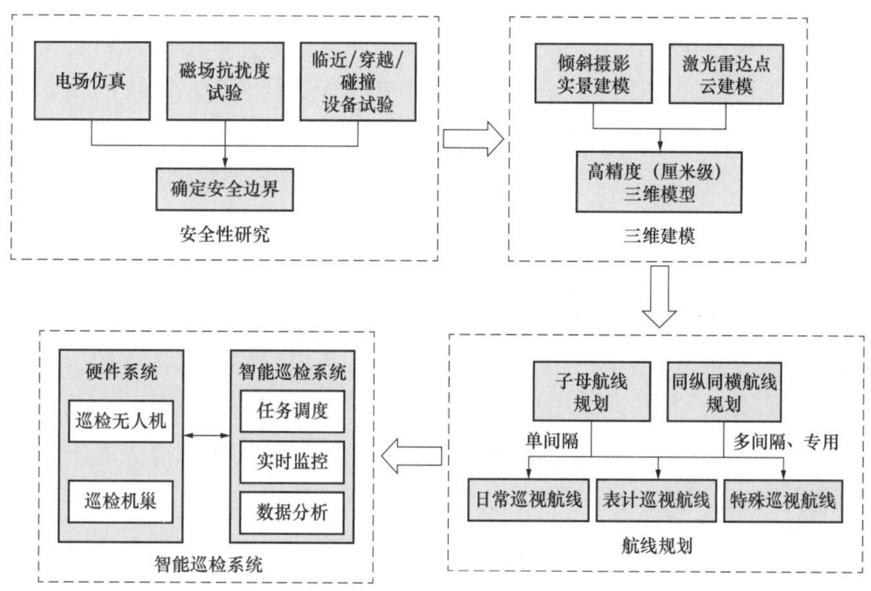

图 1–1 变电站无人机智能巡检技术路线图

变电站无人机巡检安全性研究是无人机在变电站巡检的前提，变电站内部复杂的电磁环境，会对无人机的安全、操控以及通信性能产生明显的影响。为此对变电站无人机巡检安全性研究，无人机变电站巡检的电磁安全性问题直观表现为操纵无人机进行巡检时的安全距离的把控。无人机内部对电磁敏感的模块以及相关的无线电信号链路都存在受到强电磁场干扰的可能性，无人机在变电站进行巡检时，无人机上的直流电动机及云台摄像机等金属部分在变电站这种密集的电场很容易积聚电荷，导致场强畸变甚至引发放电从而影响无人机的正常工作。目前电力无人机巡检安全距离研究聚焦于输电线路方面，变电站无人机巡检作业安全距离尚无定量化数据支撑，只能依靠作业人员主观经验的判断，即作业人员按照以往的操作经验确定不出事故（如无人机失去控制、撞到障碍物等）的前提下抵达高压设备，控制无人机对变电站进行巡视和检查，这种方式可以有效减少意外事故的发生，但是难以最大限度地发挥无人机灵活方便、效率高的优势。为了规模化推进变电站无人机巡检，对此开展变电站无人机巡检安全性理论仿真研究和试验。

变电站三维建模是无人机变电巡检的基础，变电站巡检设备种类众多、工况环境复杂，构建反映变电站的空间位置及几何形体等信息的三维模型能为变电站航线规划提供准确可靠的空间位置信息。本文创新性地提出了“实景＋点云”融合的模型构建理念，建立了“实景模型为主，点云模型为辅”的技术路线，基于变电站航线规划的需求：①通过倾斜摄影建模，获得高精度实景三维模型，用于无人机航线规划时标记点位；②使用地激雷达采集高精度点云模型，用于航线的安全距离测量。通过高精度的三维建模，可快速提高变电站的航线规划，为变电站智能巡检技术的广泛应用提供了条件。

巡检航线是实现变电站无人机智能巡检的根基，综合考虑巡查任务要求、无人机性能参数及巡检路径的安全性、可行性、高效性及巡检质量等，规划最优的高精度地理坐标的航点及路径，才可实现无人机对变电站设备的智能巡检。“母航线＋子航线”规划模式，建立了按间隔设备为最小单元，统一进行规划的技术路线，基于该模式规划航线更符合运维人员巡视习惯，不同航线可以随意组合，灵活多变，能充分利用单架次的无人机电池，高效开展无人机巡视。以设备为主体的航线规划按照设备类型设置航点，按照同一类型设备规划一条航线，减少辅助点的设置能充分发挥无人机的电池性能，提高变电站无人机巡视的效率。

近年来随着无人机小型化、高精度定位及无人机机库通信等技术的发展，变电站无人机智能巡检技术的应用得到大范围的推广。南方电网广东电网有限责任公司已构建了省级的变电站无人机调度系统，实现了全域户外变电站无人机智能巡视作业的全覆盖。南方电网广西电网有限责任公司也在多个地市局开展试点应用，推进变电站无人机的智能巡视。国网浙江省电力有限公司、国网江苏省电力有限公司、国网湖南省电力有限公司、国家电网有限公司超高压建设分公司等多个单位也在积极探索变电站无人机巡视。变电站无人机智能巡检技术进一步推进了变电生产业务数字化的建设工作，有效促进了电力行业的数字化转型和数字电网建设，深入贯彻落实建设数字中国、布局数字经济的国家战略，全面响应数字中国建设及新基建的工作。

第2章 变电站无人机巡检安全性研究

无人机是高度集成的通信设备，内部装载多种电子设备，在磁感应强度较高的区域会受到严重干扰。同时无人机自身存在的金属尖端部位在电场中很容易引发电荷积聚和场强畸变，导致击穿现象的发生，电场过大也会给无人机内部器件造成损害。无人机进行变电站巡检任务时，变电站内部复杂的电磁环境，会对无人机的安全、操控以及通信性能产生明显的影响，需要无人机进行变电站巡检时与电气设备保持合理的安全距离，确保无人机机体上分布的电场和磁场是无人机所能承受的。但是现今无人机进行变电站巡检的作业时安全距离全靠操作人员的现场观测和积累经验来判断，没有实际的数据作为支撑。无人机在输电线路环境下的安全性仿真和试验研究已有相关报道。为了充分发挥无人机灵活高效的特点，推动无人机在电力行业的发展，需要为无人机在变电站巡检的安全距离提供可靠的数据。

2.1 研究思路

结合利用实验室试验研究、仿真建模等手段，从实践和理论两方面对变电站无人机巡检的安全性进行研究并相互验证，统筹分析，对无人机巡检安全性给出量化标准，为提供无人机巡检参考依据。

2.1.1 理论研究

首先针对无人机巡检时可能会与变电站设备之间产生间隙放电的问题，通过多物理场仿真软件 COMSOL Multiphysics 软件对无人机巡检时的各种情况进行理论分析，构建无人机巡检 110、220kV 和 500kV 变电站的电磁场计算模型，仿真分析两种型号的无人机在临近设备和穿越设备时，巡检不同的高压设备时无人机表面最大场强的变化情况以及对绝缘子表面电场的影响，同时分析无人机巡检变电站时表面磁场的变化情况，给出无人机安全运行需要的电磁场强度阈值，并与无人机在巡检过程中不同距离下的最大电磁场强对比，获得无人机在巡检过程中的距离阈值。

针对无人机进行穿越巡检时，无人机可能悬停或越过两相之间，与导线间发生击穿的问题，依据击穿场强以及不同电压等级下的导线间距，从理论上分析无人机穿越时的极限尺寸，为后续无人机发展提供理论依据。

针对无人机巡检失控可能会与变电站设备间发生碰撞，对带电设备造成损害的问题，对无人机安全碰撞的极限运行速度、重量情况进行分析，以此适应未来无人机运行速度、运行载重等条件的更高的要求。

2.1.2 试验研究

以各电压等级典型变电站、典型无人机、典型巡检场景为背景开展研究，遥控飞机起飞进入不同电压等级带电体不同距离，以及不同电压等级带电体相间（高度、位置）、同一相不同距离间隔位置（高度、距离），观察无人机及被接近带电体表面电晕放电情况，测试无人机在带电体周围不同位置的飞行稳定性，测试无人机接近导致无人机及被接近带电体的安全距离。仿真计算与实验室模拟试验相结合，确定观察不同尺寸大小无人机进入不同电压等级带电体不同距离电场分布。

以各电压等级典型变电站、典型无人机、典型巡检场景为背景开展研究，研究无人机在发生非预期轨迹飞行而导致撞击或坠落，对设备、构筑物及无人机本身的损伤程度，论证无人机自动巡检失控情况下是否会威胁到设备安全运行。

2.2 理论研究

2.2.1 临近设备电场仿真

2.2.1.1 临近设备电场仿真模型建立及航线设置

麦克斯韦方程组在静止的媒介中其微分形式可以表示为

$$\nabla\times\boldsymbol{H}=\boldsymbol{J}+\frac{\partial\boldsymbol{D}}{\partial\boldsymbol{t}} \tag{2–1}$$

$$\nabla\times\boldsymbol{E}=-\frac{\partial\boldsymbol{B}}{\partial\boldsymbol{t}} \tag{2–2}$$

$$\nabla\cdot\boldsymbol{B}=0 \tag{2–3}$$

$$\nabla\cdot\boldsymbol{D}=\rho \tag{2–4}$$

式中：∇为拉普拉斯算子；$\boldsymbol{H}$ 为磁场强度，A/m；$\boldsymbol{J}$ 为电流密度，A/m^2；$\boldsymbol{D}$ 为电位移矢量，C/m^2；$\boldsymbol{E}$ 为电场强度，V/m；$\boldsymbol{B}$ 为磁感应强度，T；ρ 为电荷密度，C/m^3。

上述的四个方程对应着四个定律：式（2–1）为全电流定律，式（2–2）为法拉第电磁感应定律，式（2–3）为高斯磁通定律，式（2–4）为高斯电通定律。

同时为表征电磁场作用下媒质的宏观电磁特性，给出以下 3 个媒质构成关系式。

$$\boldsymbol{D}=\varepsilon\boldsymbol{E} \tag{2–5}$$

$$\boldsymbol{B}=\mu\boldsymbol{H} \tag{2-6}$$

$$\boldsymbol{J}=\gamma\boldsymbol{E} \tag{2-7}$$

式中：ε 为电介质的介电常数，F/m；μ 为磁介质的磁导率，H/m；γ 为媒质电导率，S/m。

通过上述方程组可以求解电磁场的各种物理量，下面针对所研究的工频电磁场进行具体的分析。

由于工频电磁场的频率 f 为 50Hz，若要满足准静态条件：

$$L\cdot f \ll c \tag{2-8}$$

式中：c 为电磁波传播速度，$c=3\times10^8$m/s；L 为物理系统的尺寸，需满足 $L=6\times10^8$m。对于变电站电磁系统来说是完全满足的，因此可以将工频时变电磁场看作准静态场。准静态下的场量和源量仍然是时间和空间的函数，但电磁波传播的推迟作用可以忽略不计，这表明给定某一瞬间的源，即决定了同一瞬间的场分布，该场分布与稍早瞬间的源状态并无关联。同样，这样表明，对于给定瞬间准静态场的分析计算，完全等同于相应的静态场问题。

以电场分析为例。静电场是一个有源无旋场，满足高斯定律，同时引入标量电动势 φ 表示电场强度：

$$\nabla\cdot\boldsymbol{D}=\rho \tag{2-9}$$

$$\boldsymbol{E}=-\nabla\varphi \tag{2-10}$$

由式（2–5）、式（2–9）、式（2–10）得出三维电场的基本方程——泊松方程：

$$\nabla^2\varphi=-\frac{\rho}{\varepsilon} \tag{2-11}$$

式中：ε 为相对介电常数。

当场域内的自由电荷密度为零，电动势 φ 满足拉普拉斯方程：

$$\nabla^2\varphi=0 \tag{2-12}$$

要求解静电场的问题，还需要对应场域的边界条件。根据三维电场的特性，满足的边界条件有——第一类边界条件：

$$\varphi|_{\Gamma_1}=f_1 \tag{2-13}$$

式中：Γ_1 为计算场域的边界；f_1 为边界上 Γ_1 的已知位函数。

第二类边界条件：

$$\frac{\partial\varphi}{\partial\boldsymbol{n}}=0 \tag{2-14}$$

式中：$\boldsymbol{n}$ 为边界外法向分量。

拟用三维电磁场建模软件分析计算工频电磁场的分布情况，其仿真计算以有限元法为基础。传统的有限元元法以变分原理为基础，把所要求解的微分方程数学模型——边值问题，首先转化为相应的变分问题，即泛函数求极值问题；然后利用剖分插值，离散化变分问题为普通多元函数的极值问题，即最终归结为一组多元的代数方程组，解之即求得待求边值问题的数值解。结合工频电磁场计算基础，整个求解过程如图 2–1 所示，主要包括无人机和变电站几何模型的建立，场域及边界的材料属性和边界条件等相应参数的设置，对于建立的模型进行网格剖分，计算求解结果的后处理分析等步骤。建立几何模型时需要进行适当的简化，设置材料属性和电场边界条件时要按照实际情况进行设置，进行网格剖分时需要根据情况进行适当细化，使得计算结果更加接近实际的无人机巡检时的电场分布情况。

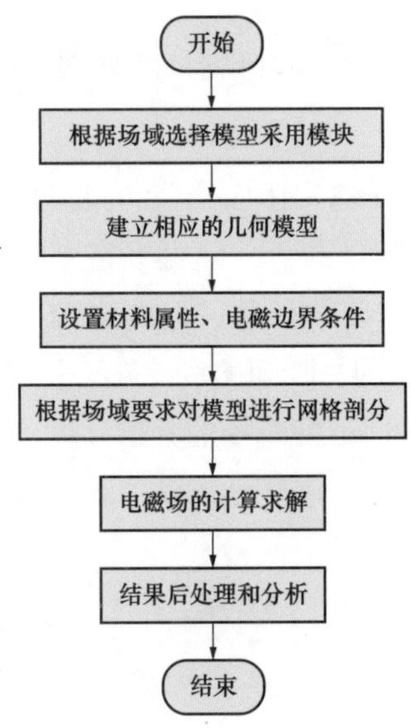

图 2–1　无人机巡检时的电场仿真流程图

考虑到最终仿真结果的实用性和普遍性，以应用于变电站巡检的两种典型无人机参数为基准，建立两类无人机仿真模型，分别为仿真型号 1、仿真型号 2。

仿真型号 1、仿真型号 2 参数见表 2–1 和表 2–2。两种无人机的组成零件相同，主要由机身、四台电动机及机翼、起落架、一体式云台相机组成，但是几何外形上有所不同，同时仿真型号 1 的四个机翼和机臂是可折叠的而仿真型号 2 的机翼和机臂是固定的。

表 2–1　　仿真型号 1 基本参数

参数	数值	
起飞质量	1391g	
最大上升速度	6 m/s（自动飞行）	5 m/s（手动操控）
最大下降速度	3m/s	
最大起飞海拔	6000m	
飞行时间	约 30min	
悬停精度	垂直：±0.1m （RTK 与视觉定位正常工作时）	±0.5m [全球导航定位系统（GNSS）正常工作时]
	水平：±0.1m（RTK 正常工作） ±0.3m（视觉定位正常工作）	±1.5m （GNSS 正常工作时）
尺寸	270mm × 150mm × 90mm	

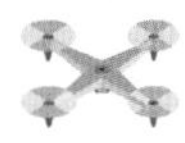

表 2-2　　仿真型号 2 基本参数

参数	数值	
起飞质量	1100g	
最大上升速度	6 m/s（运动模式）	5 m/s（定位模式）
最大下降速度	5 m/s（运动模式）	4 m/s（定位模式）
最大起飞海拔	6000m	
最长飞行时间	31min（无风环境 25km/h 匀速飞行）	
悬停精度	垂直：±0.1m （RTK 与视觉定位正常工作时）	±0.5m （GPS 正常工作时）
	水平：±0.1m（RTK 正常工作） ±0.5m（视觉定位正常工作）	±1.5m （GPS 正常工作时）
尺寸	折叠：214 mm × 91 mm × 84mm	
	展开：322 mm × 242 mm × 84mm	

关于无人机的材料构成，其中，四台电动机、一体式云台相机为金属材质，其余外壳均为复合塑料材质，因此无人机的电场主要集中在云台和电动机上，而用于固定电动机的金属螺钉位于电动机底部，完全嵌到塑料基座内对无人机表面电场分布没有影响，进行电场仿真时可以不用考虑。

关于无人机材料参数设置，四台直流电动机和云台相机设置材料属性为金属材料，无人机的其余部位（机身、机翼、起落架等）的材料属性设置为碳纤维复合材料。

为了简化计算，对于无人机选择其机翼完全展开时的姿态进行建模，同时忽略机身上的细小部件，得到两种无人机的几何模型如图 2-2 所示。

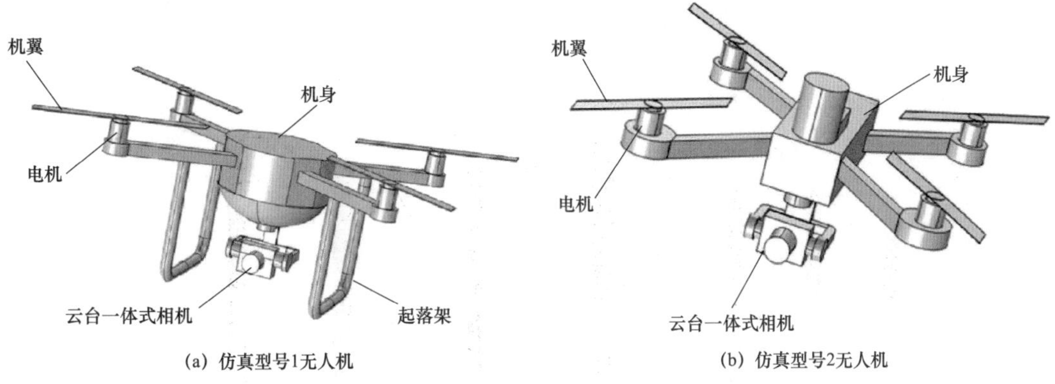

(a) 仿真型号1无人机　　(b) 仿真型号2无人机

图 2-2　无人机的几何模型

变电站几何模型的建立。以500kV变电站为例，110kV及220kV变电站模型几何模型的建立流程不再赘述。参考500kV变电站的典型设计，变电站一般包括500kV开关场、220kV开关场、110kV开关场以及35kV开关场。考虑到保证无人机的电磁安全性，研究无人机在500kV的开关场中进行巡检时的电磁场分布情况。

对变电站内的母线和高压设备采取必要简化，建立500kV变电站的仿真模型。例如将变电站一相线路简化为母线穿过隔离开关、电流互感器、断路器、电压互感器、避雷器的线路，查阅500kV变电站各设备的参数并以此为标准进行建模。

边界条件的设置。仿真软件中静电场研究自动满足三个条件——电荷守恒、零电荷、初始值为零。

电荷守恒对应满足的静电微分方程为

$$\boldsymbol{E}=-\nabla V \tag{2-15}$$

$$\nabla\cdot\left(\varepsilon_0\varepsilon_{\mathrm{r}}\boldsymbol{E}\right)=\rho_{\mathrm{v}} \tag{2-16}$$

$$\boldsymbol{D}=\varepsilon_0\varepsilon_{\mathrm{r}}\boldsymbol{E} \tag{2-17}$$

式中：$\boldsymbol{E}$为电场矢量；V为电动势；ρ_{v}为电荷体密度；$\boldsymbol{D}$为电位移矢量，ε_0为绝对介电常数，ε_{r}为相对介电常数。

零电荷对应满足的静电微分方程为

$$\boldsymbol{n}\cdot\boldsymbol{D}=0 \tag{2-18}$$

式中：$\boldsymbol{n}$为边界的法线向量。

在初始量的设置方面，为电动势V添加一个初始值，该值可作为瞬态模拟的初始条件或非线性解算器的初始猜测，默认值为零。

在这三个条件的基础上，针对无人机和变电站内设备模型分布设置相应的静电边界条件。无人机的电动机部分和云台摄像机部分材质为金属，金属在电场内为等势体，软件里等效设置为悬浮电位。建立的总的无人机巡检500kV变电站几何模型如图2-3所示，整体模型上再加一个大的空气域构建完成。完成材料参数的设置和边界条件的设置后进行网格剖分。

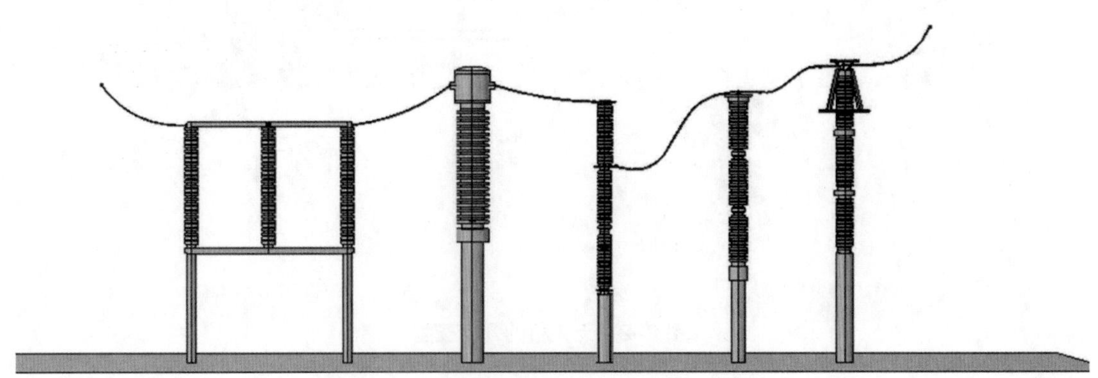

图2-3　变电站几何模型

无人机按照临近巡检的方式进行变电站巡检时，主要是针对单相的高压设备进行巡检，考虑到变电站内一相导线产生电场的影响范围有限，因此可以将变电站看成单相线路，相应的巡检航线可简化为如图 2–4 所示。在临近巡检航线 1 中，无人机与输电导线在同一高度飞行，在飞行过程中无人机不断靠近输电导线和高压设备；在航线 2 中，无人机与输电导线的水平距离保持不变，从高压设备的底部向顶端飞行；在航线 3 中，无人机位于输电导线上方，依次从隔离开关飞行到避雷器。

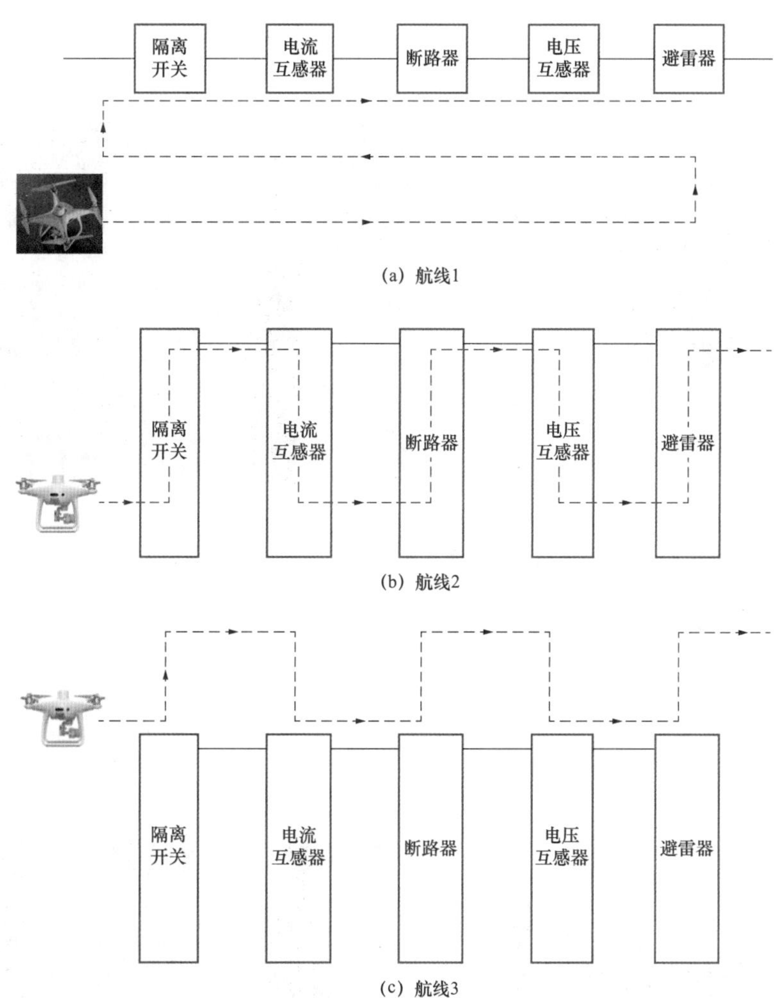

图 2–4　无人机临近巡检航线

2.2.1.2　仿真型号 1 无人机仿真

1. 巡检航线 1

无人机初始位置位于隔离开关的第 1 根绝缘支柱处，调整无人机逐渐靠近隔离开关，对于各位置的无人机分别进行电场仿真计算。按照顺序调整无人机的位置到隔离开关的第 2、第 3 根绝缘支柱，同样调整无人机逐渐靠近隔离开关，进行电场仿真计算。在无人机巡检隔离开关第一根绝缘支柱的过程中，无人机与隔离开关的水平距离（水平距离为无人机机心与设备间的距离，后文定义均相同）为 20cm 时无人机的表面电场分布和无人机附近畸变场强分布如图 2-5 所示。

从图 2-5（a）可以看出，无人机表面电场主要集中分布在无人机四台电动机附近以及四个机翼的中心部分，其中无人机最靠近隔离开关一侧的前位电动机的表面场强较大，云台摄像头表面的电场强度也分布有少量电场，无人机的其余部分的电场强度均较小。在 500kV 电压等级下，从图 2-5（b）可以看出，无人机附近的四台电动机周围场强相较于空间中的其他位置发生了畸变，分布情况与无人机表面电场的分布相一致。

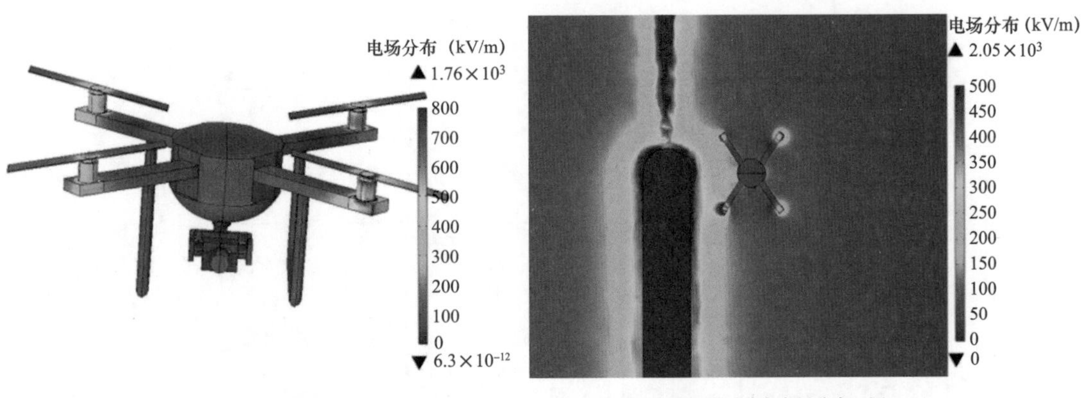

(a) 无人机表面电场分布云图　　(b) 无人机附近畸变电场分布云图

图 2-5　500kV 电压等级无人机与第 1 根绝缘支柱距离为 20cm

当无人机依次巡检电流互感器、断路器、电压互感器、避雷器时，使无人机逐渐靠近各电气设备，分别进行仿真计算。在 500kV 电压等级下，无人机与高压设备水平距离为 20cm 时的表面电场分布云图以及附近畸变电场分布图（以电流互感器为例）如图 2-6 所示。

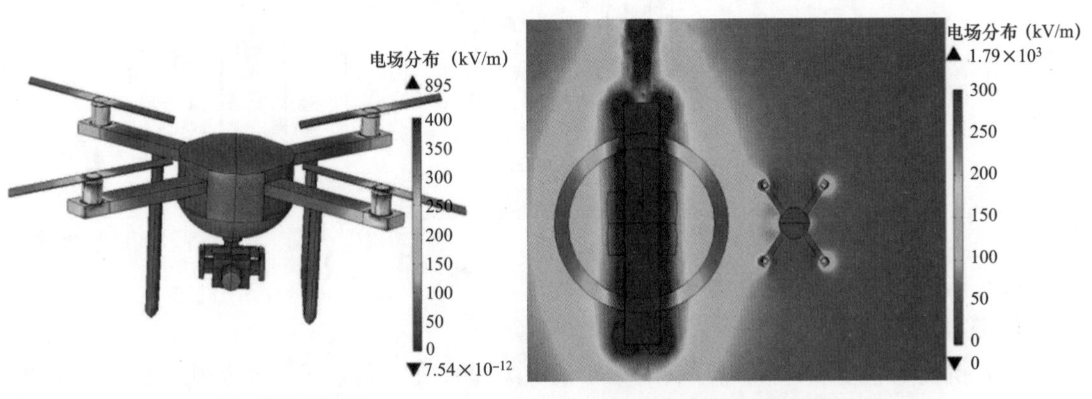

(a) 无人表面电场分布云图　　(b) 无人机附近畸变电场分布云图

图 2-6　500kV 电压等级无人机与电流互感器的距离为 20cm

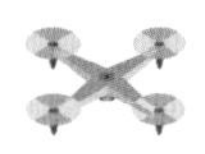

无人机临近巡检高压设备的整个过程中，110、220kV 和 500kV 电压等级下无人机表面最大场强随无人机位置的变化图如图 2–7～图 2–10 所示。

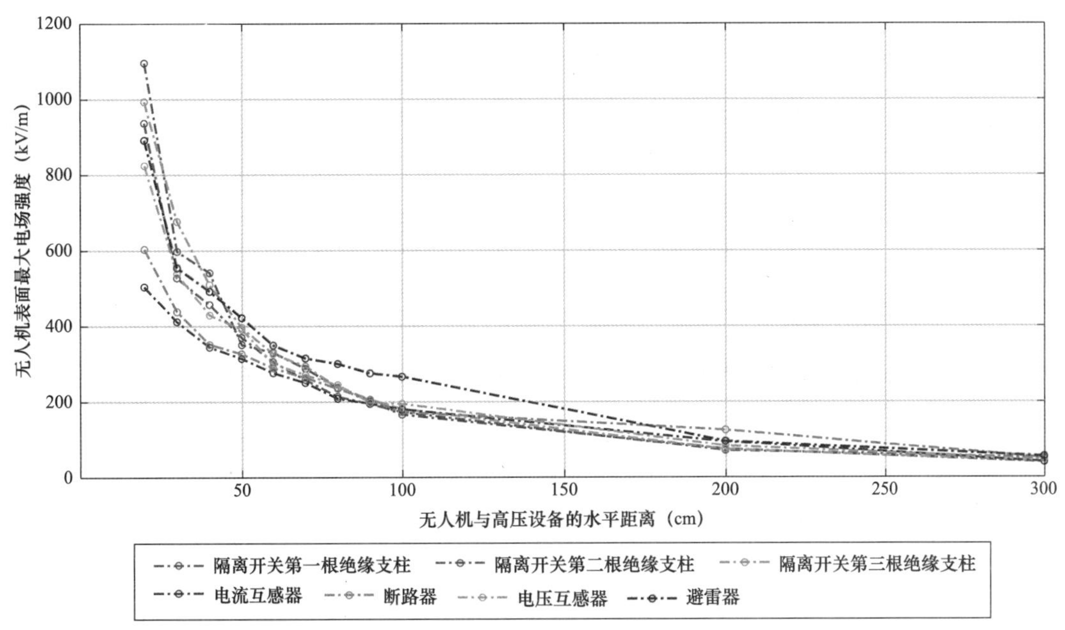

图 2–7　110kV 电压等级无人机表面最大场强变化图

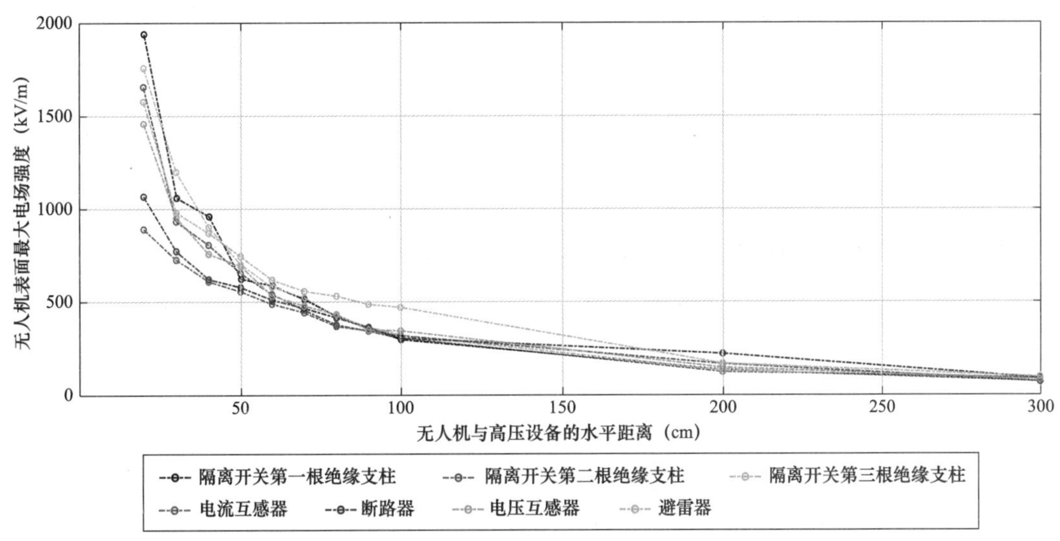

图 2–8　220kV 电压等级无人机表面最大场强变化图

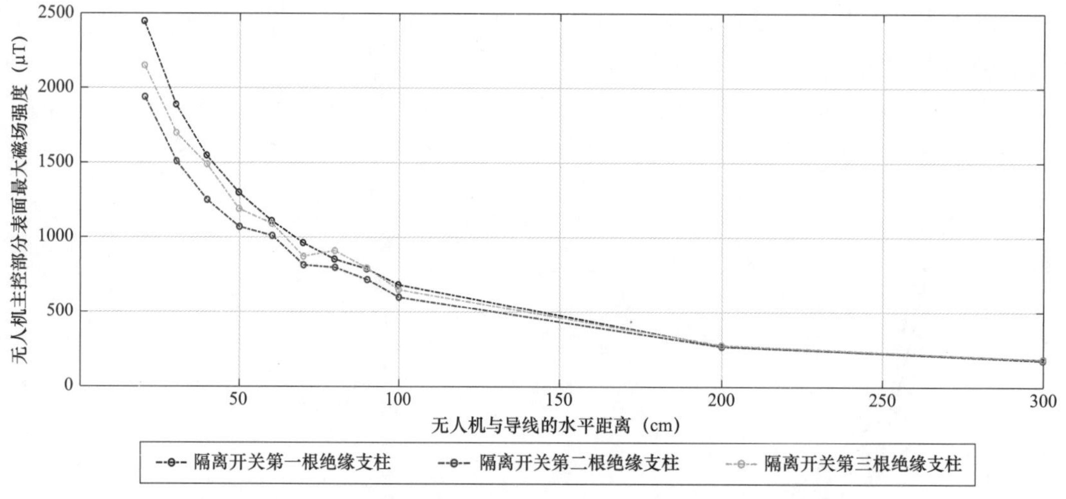

图 2-9　500kV 电压等级无人机表面最大场强变化图（隔离开关）

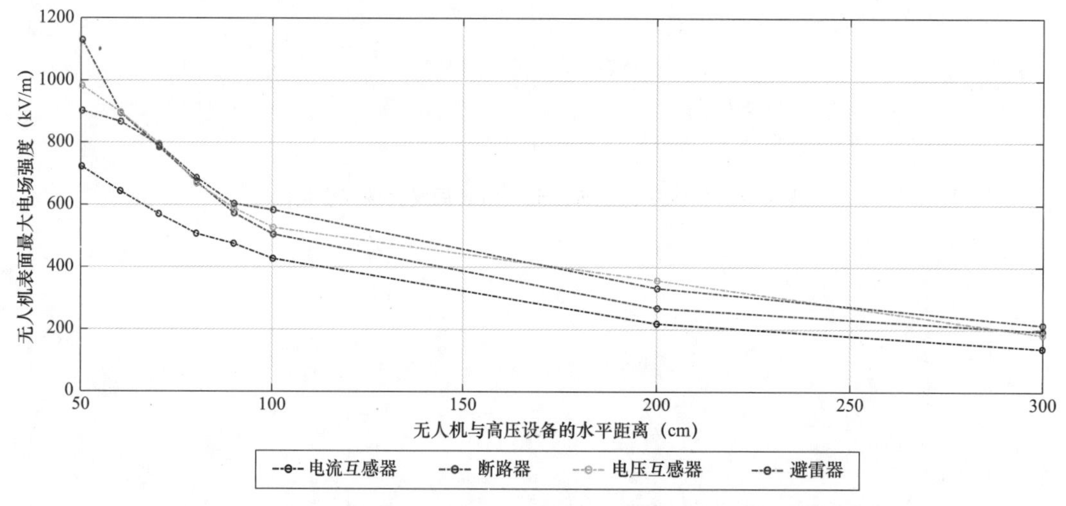

图 2-10　500kV 电压等级无人机表面最大场强变化图（互感器等设备）

从图 2-7～图 2-10 可以看出，在 3 种电压等级下，无人机表面最大场强随着无人机与隔离开关的水平距离的减少而增加，越靠近高压设备，增加的幅度越大。

仿真型号 1 无人机在 3 种电压等级下，临近巡检航线 1 的飞行时，产生的表面最大场强小于空气间隙的击穿场强（30kV/cm），不会发生电晕放电。考虑电场影响，仿真型号 1 无人机在与高压设备保持 20cm 的水平间距且不与高压设备发生碰撞的情况下飞行临近巡检航线 1 是安全的。

在所做的 110、220、500kV 电压等级仿真中，考虑到无人机与高压设备间下均不发生空气击穿，故用 500kV 电压等级数据即可说明所有电压等级下航线的安全情况，后续仅用 500kV 电压等级下的无人机表面最大场强作为击穿判据。因此后续所做 110、220kV 电压等级下的仿真不再详细展示。

2. 巡检航线 2

无人机依次从隔离开关飞行至避雷器。保持无人机与高压设备的水平距离不变，调整无人机垂直下降，与初始位置的竖直距离逐渐升高。

无人机临近巡检高压设备的整个过程中，无人机表面最大场强随无人机位置的变化图如图 2–11 所示。从图中可以看出，随着无人机高度的不断下降，无人机表面最大场强逐渐下降，在断路器处巡检 100cm 处存在场强上升；无人机在临近巡检航线 2 时，无人机表面最大场强小于空气间隙的击穿场强，考虑电场影响，仿真型号 1 无人机与高压设备保持 20cm 的水平距离下巡检航线 2 是安全的。

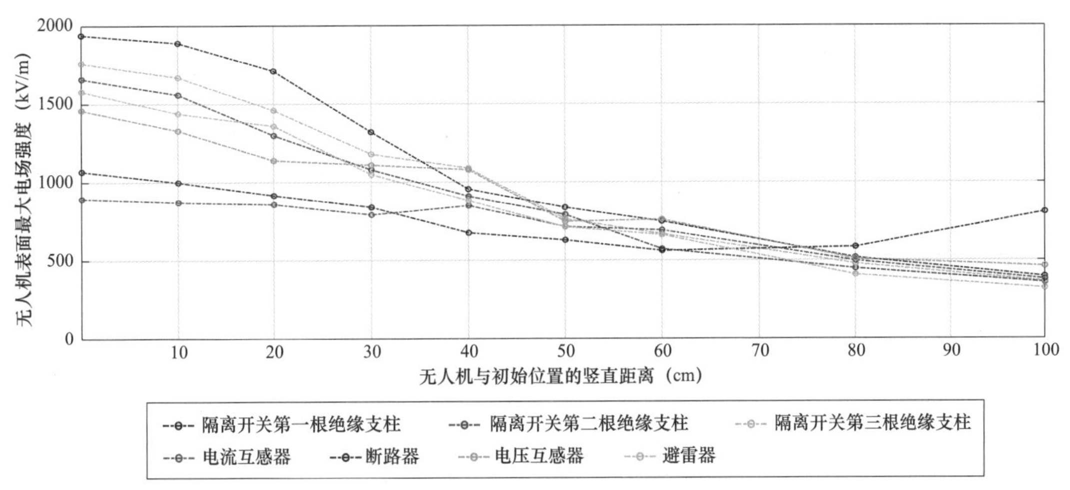

图 2–11　无人机表面最大场强变化图

3. 巡检航线 3

无人机在高压设备的正上方巡检，调整无人机与高压设备间的距离不断增加。无人机依次从隔离开关巡检至避雷器，分别进行仿真计算。

无人机在高压设备上方 10cm 时的表面电场分布云图以及附近畸变电场分布图（以距离第一根绝缘子支柱为例）如图 2–12 所示。从图 2–12（a）可以看出，无人机表面电场分布在无人机四台电动机附近、四个机翼的中心部分以及云台摄像头下表面，起落架也分布有部分电场，其余电场强度均较小；从图 2–12（b）可以看出，无人机附近的四台电动机周围场强相较于空间中的其他位置发生了畸变。

无人机航线 3 巡检高压设备的整个过程中，无人机表面最大场强随无人机位置的变化图如图 2–13 所示。

从图中可以看出，无人机表面最大场强随着无人机高度的增加而逐渐降低，变化速率先快后慢；无人机在巡检隔离开关的第一根绝缘支柱时，无人机在绝缘支柱上方 10cm 处时表面最大场强小于空间间隙击穿场强，不会产生电晕放电，考虑电场影响，仿真型号 1 无人机在高压设备 10cm 以上巡检航线 3 是安全的。

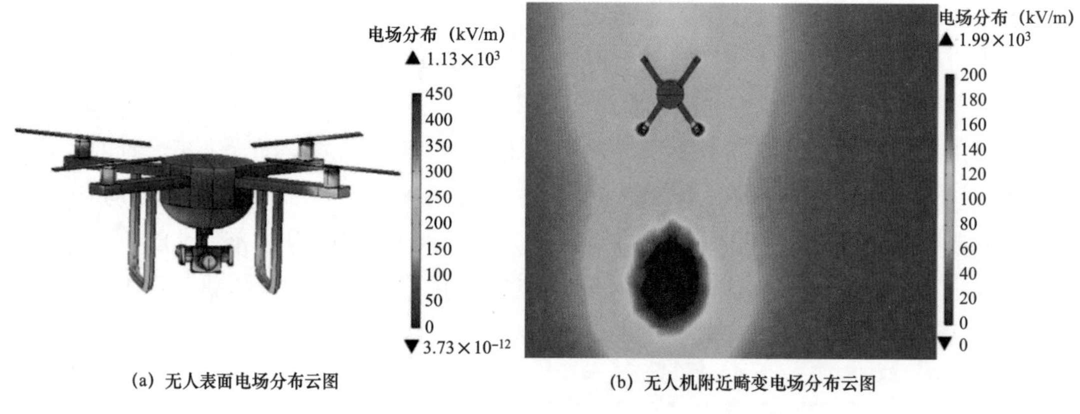

（a）无人表面电场分布云图　　（b）无人机附近畸变电场分布云图

图 2–12　无人机在隔离开关第一根绝缘支柱上方 10cm 时

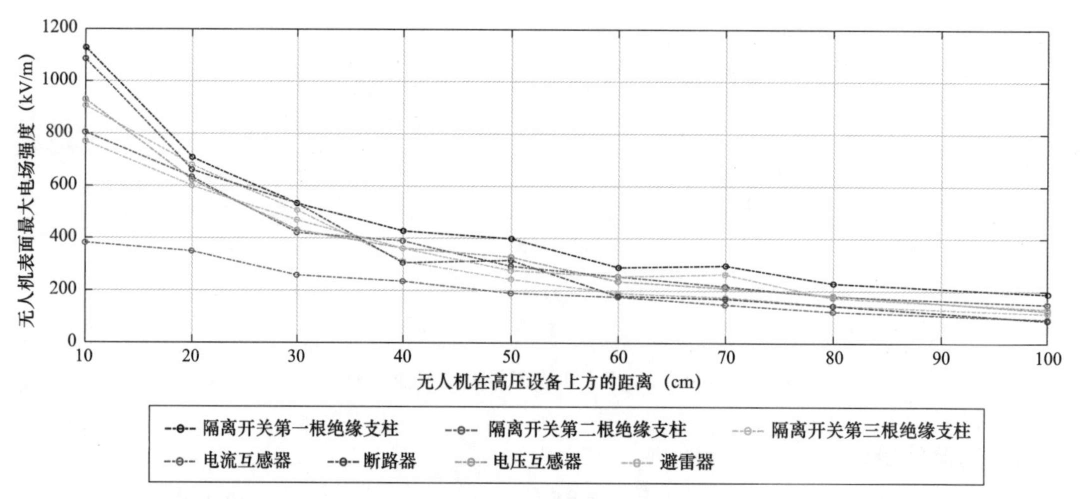

图 2–13　无人机表面最大场强变化图

2.2.1.3　仿真型号 2 无人机仿真

1. 巡检航线 1

无人机初始位置和行进方式与仿真型号 1 相同，对于无人机进行电场仿真计算。仿真型号 2 无人机表面电场主要集中分布在无人机四台电动机附近以及四个机翼的中心部分，其中无人机最靠近高压设备一侧的电动机的表面场强较大，云台摄像头表面的电场强度也分布有少量电场，无人机的其余部分的电场强度均较小。无人机附近的四台电动机周围场强相较于空间中的其他位置发生了畸变。整个仿真型号 2 无人机临近巡检航线 1 的过程中，表面最大场强随无人机位置的变化图如图 2–14 所示。无人机表面最大场强随着水平距离的不断缩短逐渐上升；无人机巡检航线 1 时表面最大场强小于空气击穿电压。考虑电场影响，无人机保持与高压设备 20cm 的水平距离时，巡检航线 1 是安全的。

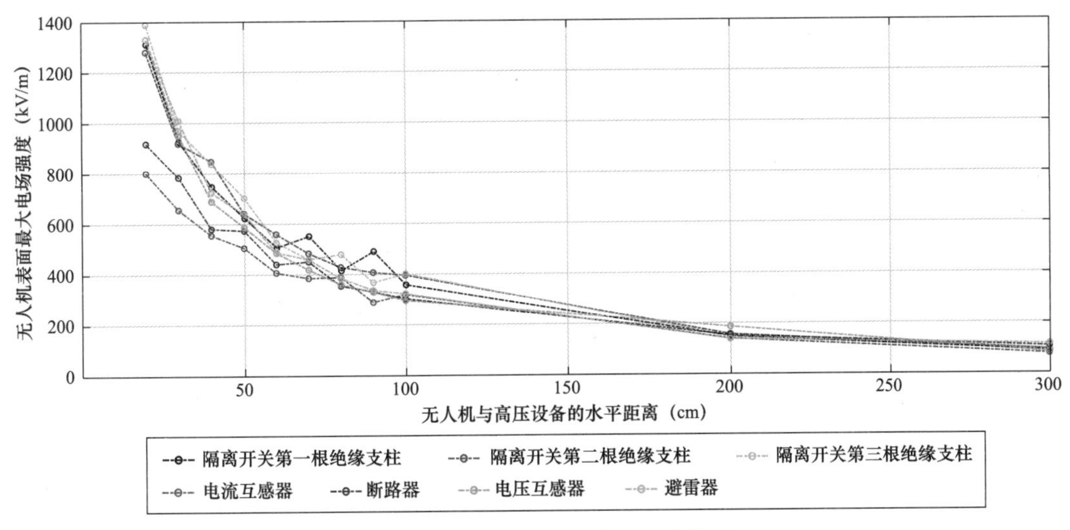

图 2–14　无人机表面最大场强变化图

2. 巡检航线 2

无人机初始位置与行进方式与仿真型号 1 相同，对于无人机进行电场仿真计算。无人机临近巡检高压设备的整个过程中，无人机表面最大场强随无人机位置的变化图如图 2–15 所示。从图中可以看出，随着无人机高度的不断下降，无人机表面最大场强逐渐下降，在断路器巡检 100cm 的高度处存在场强上升；无人机在临近巡检航线 2 时，无人机表面最大场强小于空气击穿场强。考虑电场影响，仿真型号 2 无人机与高压设备保持 20cm 的水平距离下巡检航线 2 是安全的。

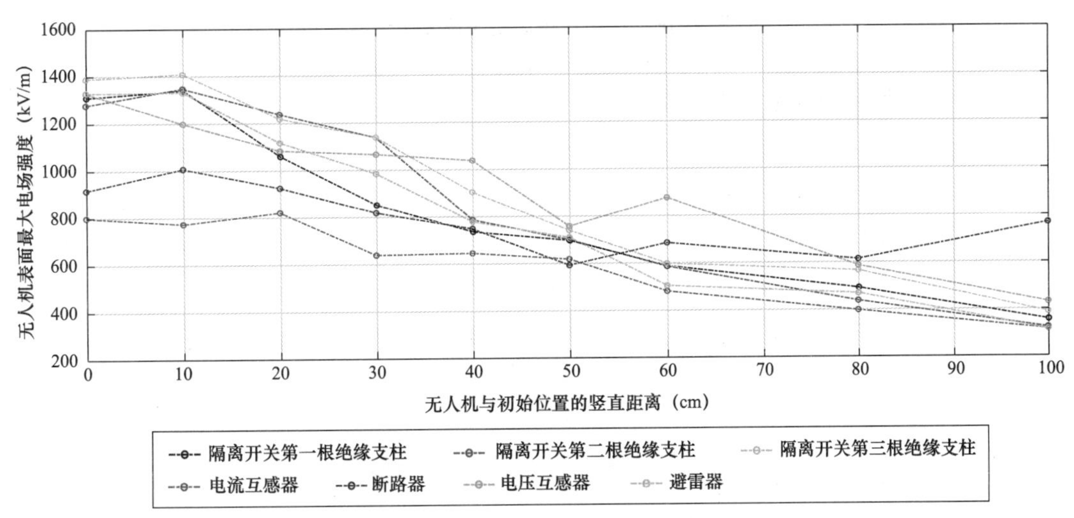

图 2–15　无人机表面最大场强变化图

3. 巡检航线 3

无人机在高压设备的正上方巡检，无人机初始位置与行进方式与仿真型号 1 相同，对于无人机进行电场仿真计算。无人机表面电场分布在无人机四台电动机附近、四个机翼的中心部分以及云台摄像头下表面，其余电场强度均较小；无人机附近的四台电动机周围场强相较于空间中的其他位置发生了畸变，靠近输电导线一侧的电动机附近的畸变场强较大。

无人机航线 3 巡检高压设备的整个过程中，无人机表面最大场强随无人机位置的变化图如图 2-16 所示。从图中可以看出，无人机表面最大场强随着无人机高度的增加而逐渐降低，变化率先快后慢；无人机在巡检隔离开关的第二根绝缘支柱时，无人机在绝缘支柱上方 10cm 处时表面最大场强小于空间间隙的放电场强，不会产生放电。考虑电场影响仿真型号 2 无人机在高压设备 10cm 以上巡检航线 3 是安全的。

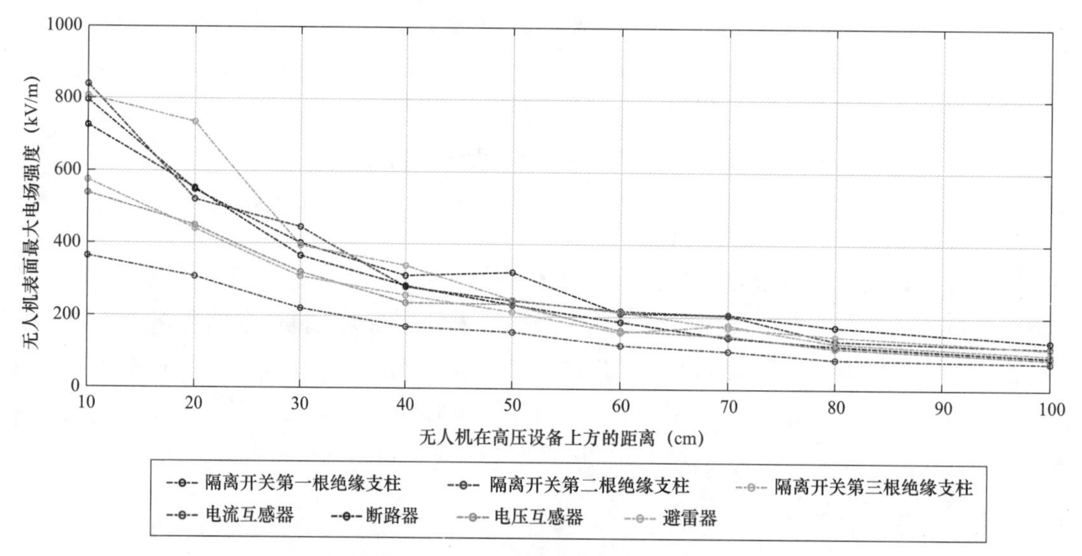

图 2-16　无人机表面最大场强变化图

2.2.1.4　绝缘子电场畸变仿真

考虑无人机临近巡检时造成的电场畸变是否会影响绝缘子表面电场的分布，选择当无人机临近巡检距离高压设备较近时，分析绝缘子表面电场的变化情况。在绝缘支柱的外表面选择一条观测线，沿着低压接地端绝缘子的外表面一直到高压端绝缘子，采用仿真计算分析观测线上表面电场分布的变化情况。

无人机的飞行航线如图 2-17 所示。首先选用仿真型号 1 无人机进行仿真计算，选定无人机与隔离开关的水平距离后，调整无人机的高度从支柱绝缘子底端逐步升至底端，分别进行仿真计算。

给出无人机距离顶端一定高度处时绝缘子表面电场分布图以及与绝缘子初始电场的对比图，如图 2-18 所示。

无人机在各个高度处进行临近巡检时未影响绝缘子表面场强的分布，稍微影响了绝缘子表面场强的大小，总体上对绝缘子表面场强没有影响，不会对绝缘子的电气性能造成危害。

选用仿真型号 2 无人机进行临近巡检，参考仿真型号 1 无人机巡检过程，进行仿真计算，无人机位于支柱绝缘子中部高度处时，相应的绝缘子的表面电场分布图以及电场分布

对比图，如图 2-19 所示。

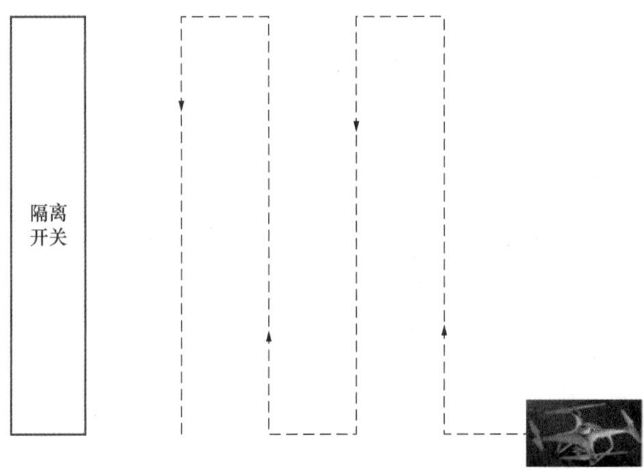

图 2-17　无人机的飞行航线

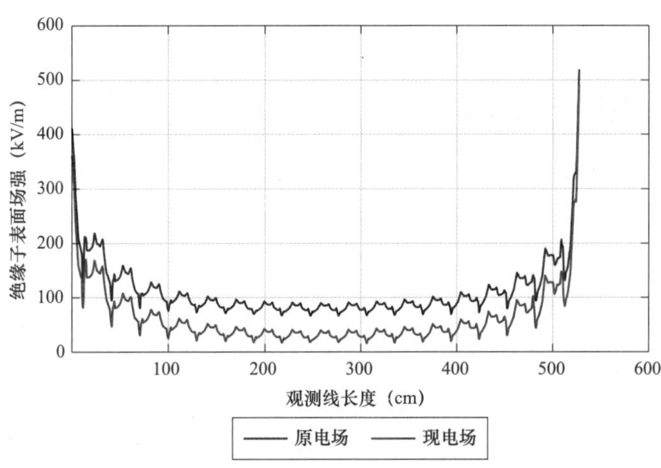

图 2-18　无人机巡检前后绝缘子表面电场对比图

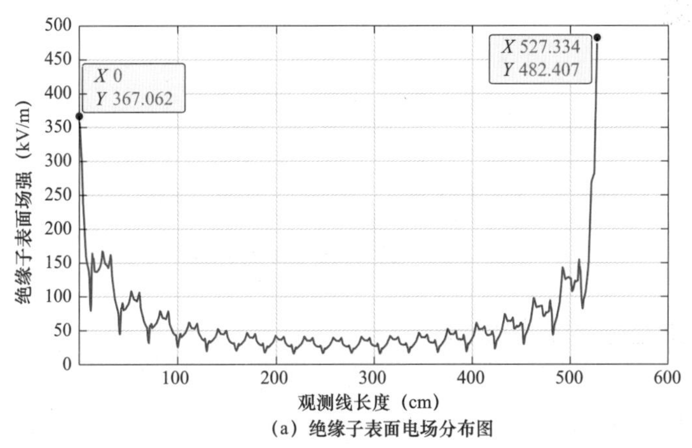

（a）绝缘子表面电场分布图

图 2-19　无人机与隔离开关距离为 20cm 时（一）

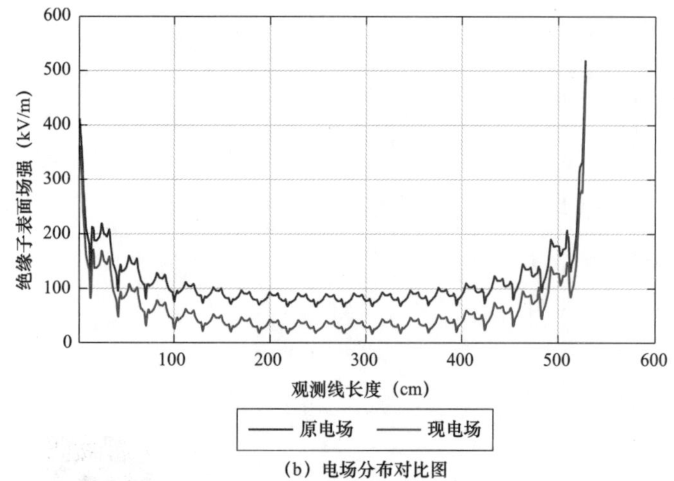

（b）电场分布对比图

图 2-19　无人机与隔离开关距离为 20cm 时（二）

从上述图中可以看出，仿真型号 2 无人机进行临近巡检时，未影响绝缘子表面场强的分布，略微影响了绝缘子表面场强的大小，总体上对绝缘子表面场强没有影响。

2.2.2　穿越设备电场仿真

2.2.2.1　穿越设备电场仿真模型建立及航线设置

无人机按照穿越巡检的方式进行变电站巡检时，无人机主要在变电站的相间进行穿越，需要考虑两相导线产生的电场，相应的巡检航线可简化为如图 2–20 所示。

进行计算的仿真模型如图 2–21 所示，无人机初始位置位于隔离开关处，在整个巡检过程中无人机始终与导线保持在同一水平面内。

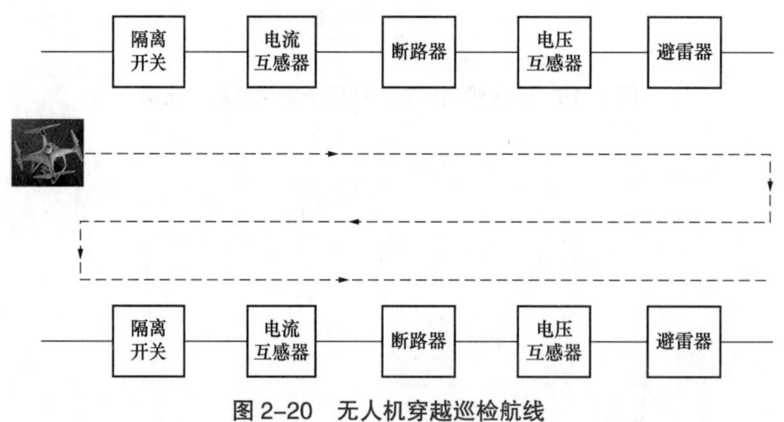

图 2–20　无人机穿越巡检航线

2.2.2.2　仿真型号 1 无人机仿真

无人机初始位置位于两相中间处，无人机云台相机朝向高压一侧。仿真型号 1 无人机巡检起点仍从隔离开关开始，调整无人机与高压设备（隔离开关、电流互感器、断路器、电压互感器、避雷器）的水平距离由远及近，对于这些位置的无人机分别进行电场仿真计

算。无人机与高压设备的水平距离为 50cm 时，无人机表面电场分布和附近畸变电场分布（以电流互感器为例）如图 2–22 所示。

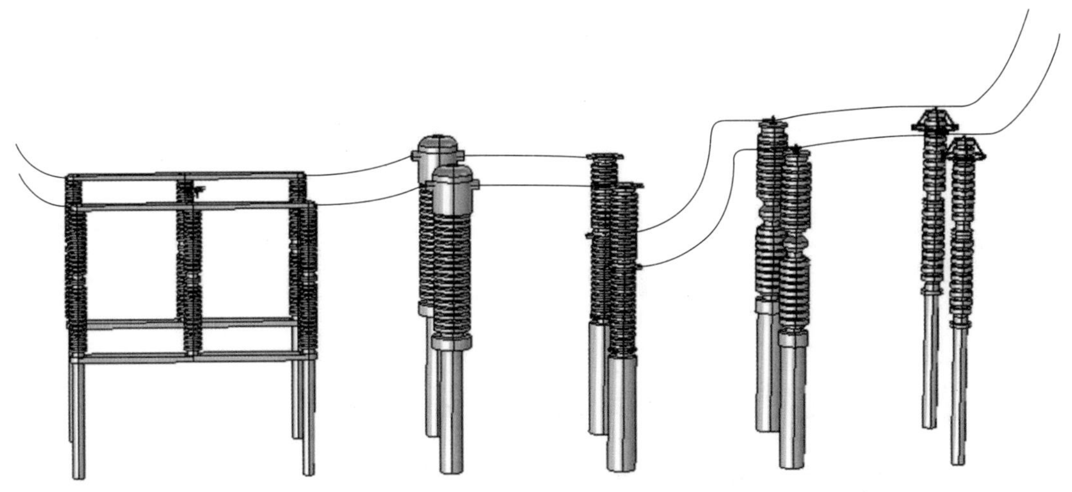

图 2–21　无人机穿越巡检模型

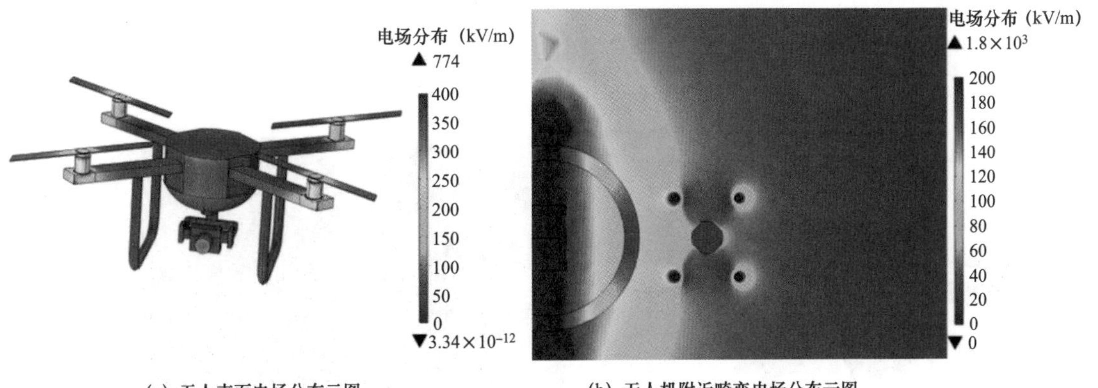

(a) 无人表面电场分布云图　　(b) 无人机附近畸变电场分布云图

图 2–22　无人机与电流互感器的距离为 50cm

由图 2–22 可知，仿真型号 1 无人机穿越巡检时，表面电场主要集中分布在无人机四台电动机附近以及四个机翼的中心部分，其中无人机最靠近隔离开关一侧的前位电动机的表面场强最大，云台摄像头表面的电场强度也分布有少量电场，无人机的其余部分的电场强度均较小。

仿真型号 1 无人机穿越巡检设备的整个过程中，无人机表面最大场强随无人机位置的变化图如图 2–23 所示。从图中可以看出，穿越巡检过程中，无人机表面最大场强随着无人机与高压设备的水平距离的减少而增加，产生的表面最大场强小于空气间隙击穿场强，不会发生电晕放电，所以仿真型号 1 无人机穿越巡检是安全的；无人机在避雷器附近进行穿越巡检时的表面场强高于在其他高压设备附近巡检时的表面场强。

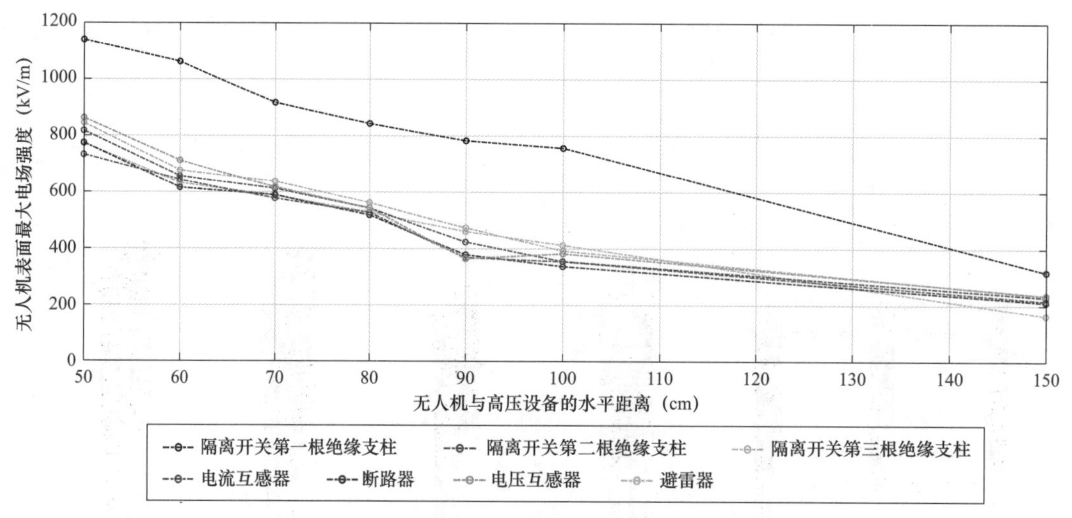

图 2-23　无人机表面最大场强变化图

2.2.2.3　仿真型号 2 无人机仿真

仿真型号 2 无人机巡检起点仍从隔离开关开始，调整无人机与高压设备（隔离开关、电流互感器、断路器、电压互感器、避雷器）的水平距离由远及近，对于这些位置的无人机分别进行电场仿真计算。无人机与高压设备的水平距离为 50cm 时，无人机表面电场分布和附近畸变电场分布（以电流互感器为例）如图 2-24 所示。

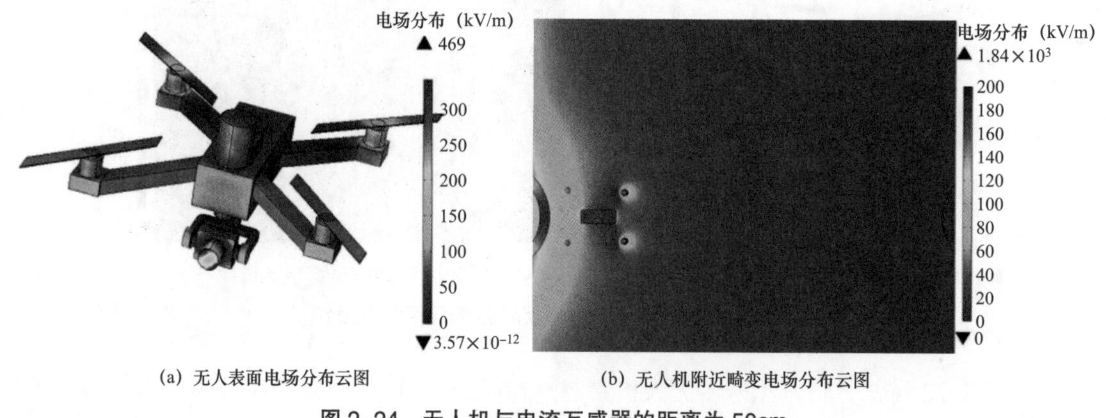

(a) 无人表面电场分布云图　　(b) 无人机附近畸变电场分布云图

图 2-24　无人机与电流互感器的距离为 50cm

由图 2-24 可知，仿真型号 2 无人机穿越巡检时，表面场强主要分布在四台电动机以及云台摄像机的头部，其中靠近高压设备一端的电动机表面场强较大，其余部分场强均较小；无人机周围的畸变电场主要集中在四台电动机和云台摄像头附近。

仿真型号 2 无人机整个巡检过程中，无人机表面最大场强随无人机位置的变化图如图 2-25 所示，仿真型号 2 在穿越巡检中产生的表面最大场强小于空气间隙击穿场强，所以不会产生放电危险；无人机在避雷器附近进行穿越巡检时，产生的表面最大场强要高于无人

机在其他高压设备。

对比仿真型号 1 无人机，仿真型号 2 无人机穿越巡检变电站时产生的表面场强较小，比仿真型号 1 更适合应用于穿越巡检。

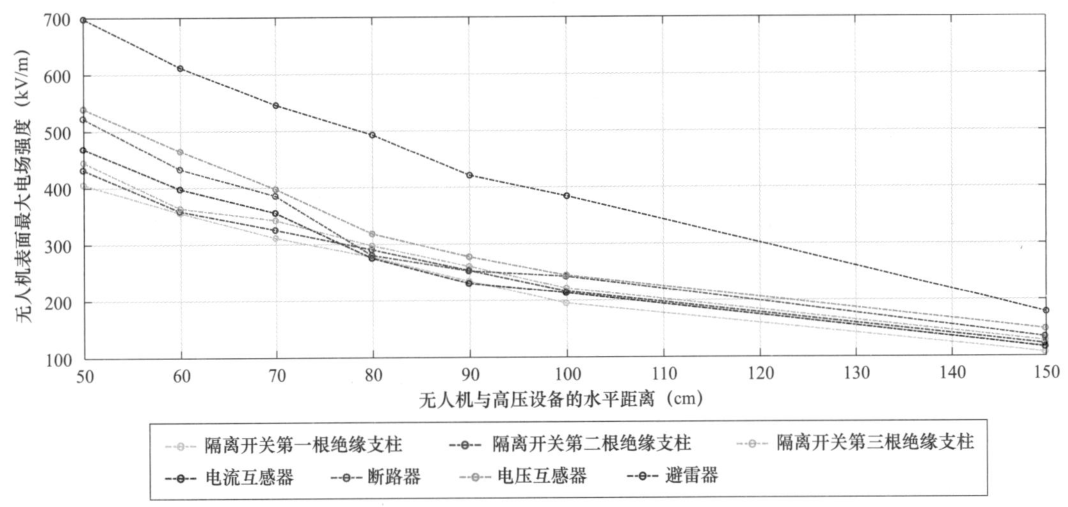

图 2–25　无人机表面最大场强变化图

2.2.3　电磁场抗扰度仿真

2.2.3.1　电磁场抗干扰度仿真模型

磁场仿真分析同样采用有限元仿真软件进行计算。由于变电站内的导线交错纵横十分密集，为了能够简化计算，将变电站的磁场激励源简化为水平分布的三相导线，无人机的磁场模型与电场模型一致，建立如图 2–26 所示的磁场仿真模型。

整个磁场仿真模型主要包括导线、空气、无人机三部分。其中无人机由于电动机内部存在导磁材料（一般为硅钢片），为了方便计算，将电动机的材料等效为硅钢片。无人机其余部分则由复合碳纤维材料和非导磁性金属材料构成。

边界条件和材料参数设置完成后进行网格剖分，如图 2–27 所示。整个几何模型质量较好可以进行磁场仿真计算。

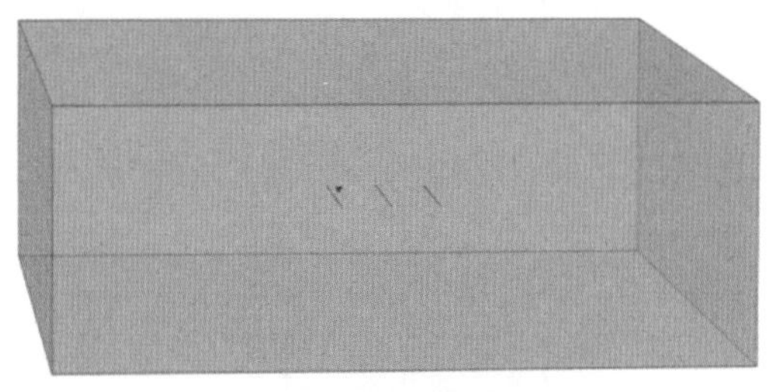

图 2–26　磁场仿真模型

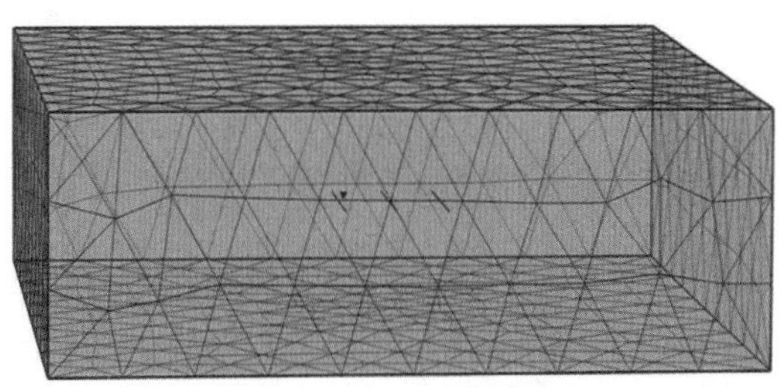

图 2–27　网格剖分图

2.2.3.2 仿真型号 1 无人机仿真

仿真型号 1 无人机临近巡检时，设置负载电流在一定区间内，调整无人机与导线的水平距离由大及小，相应的最大磁场强度随水平距离变化图如图 2–28 所示。从图中可以看出，随着无人机与导线水平距离的减少，主控部分的最大磁场强度明显地增加；随着负载电流的增大，磁场强度也随之增大，相同的水平距离下，负载电流越大主控部分的最大磁场强度越大。根据文献资料，无人机主控部分磁场强度超过 200μT 时，无人机主控部分的电磁敏感模块可能会受到影响。所以无人机临近巡检的安全距离与负载电流有关，不同的负载电流会产生不同强度的磁场强度，负载电流等级越高，对无人机主控部分的影响越大。

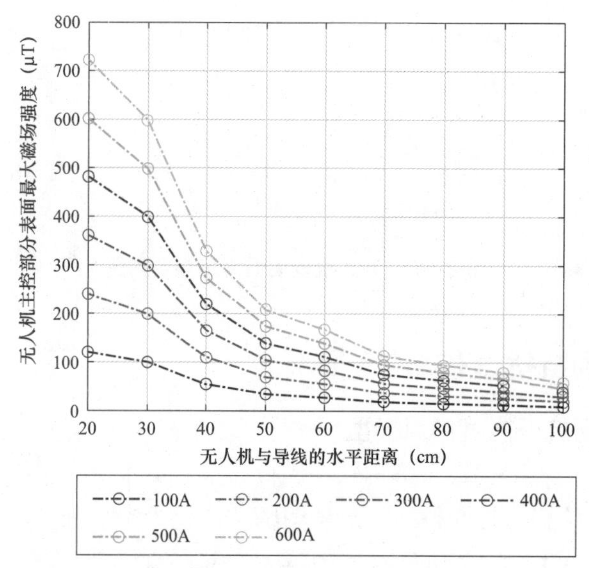

图 2–28 无人机主控部分磁场强度变化图

2.2.3.3 仿真型号 2 无人机仿真

针对仿真型号 2 无人机临近巡检，设置负载电流在一定区间内，调整无人机与导线的水平距离由大及小，相应的最大磁场强度随水平距离变化图如图 2–29 所示。

从图中可以看出，随着无人机与导线水平距离的减少，主控部分的最大磁场强度明显地增加；随着负载电流的增大，磁场强度也随之增大，相同的水平距离下，负载电流越大主控部分的最大磁场强度越大。

2.2.4 机型尺寸理论分析

当无人机进行穿越巡检时，无人机可能悬停或越过两相之间，对无人机的尺寸提出了要求。若无人机尺寸过大，无人机则易于与某一相导线间发生碰撞或空气击穿。针对穿越巡检问题从理论上分析无人机穿越时的极限尺寸，为后续无人机发展提供理论依据。

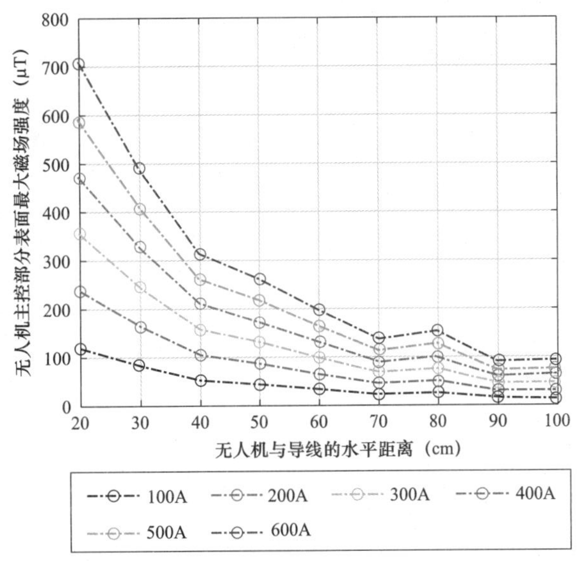

图 2-29　无人机主控部分磁场强度变化图

设无人机巡检时与设备之间的最小击穿场强为 E_d，则无人机在巡检时，其与设备之间的平均场强 E 需要满足式（2-19）。

$$E > E_d \tag{2-19}$$

根据《高电压工程基础》“棒—棒”“棒—板”间隙的工频击穿电压与间隙距离关系（见图 2-30）进行理论分析。无人机尺寸计算模型如图 2-31 所示。当无人机位于两相之间时（图中为 a、b 相），考虑到无人机机长为 l，所巡检的变电站电压等级为 U_i（i =1，2，3 时，分别表示变电站电压等级为 110、220、500kV），该变电站电压等级所要求的相间距离为 d_i，则无人机与设备之间的场强 E_i 由式（2-20）得到。

$$E_i = \left| \frac{\Delta \overline{U}_i}{d_i - l} \right| \tag{2-20}$$

式中：$\Delta \overline{U}_i$ 为相间电压相量。

根据《电力工程设计手册》，110kV 变电站相间距不应小于 1.1m，220kV 变电站相间距不应小于 2.2m。根据《高电压工程基础》普通棒—板模型的平均空气击穿场强为 4.8kV/cm，为了确保无人机巡检变电站时对变电站内设备和无人机都不造成影响，取无人机巡检临近变电站内设备时二者之间不发生空气击穿的极限平均场强 E_d 为 4kV/cm。

在 110、220kV 和 500kV 变电站中，U_i 分别取为 110、220kV 和 500kV，d_i 分别取为 1.1、2.2m 和 4.3m，以此为参数代入式（2-20）中，即可得到各电压等级下无人机穿越巡检的尺寸约束要求。

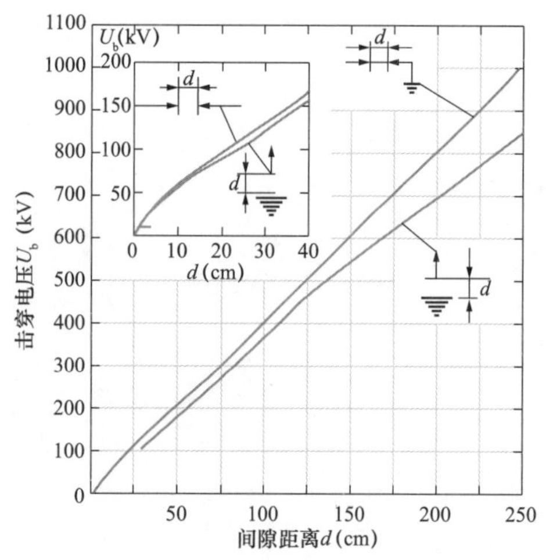

图 2-30 “棒—棒”“棒—板”间隙的工频击穿电压与间隙距离关系

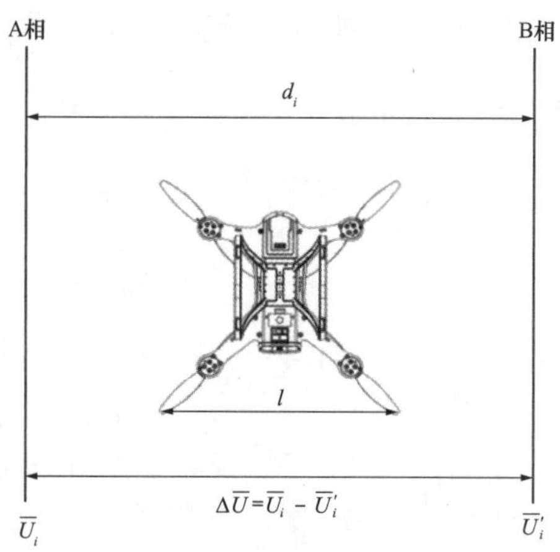

图 2-31 无人机尺寸计算模型示意图

2.2.5 极限运行工况分析

考虑到无人机巡检失控可能会与变电站设备间发生碰撞，对带电设备造成损害，以及未来无人机巡检效率和经济效益的提高，可能会对无人机运行速度、运行载重等条件具有更高的要求，因此就需要对无人机运行的极限情况进行分析。

将无人机与变电站设备均简化为刚性物体，无人机以一定速度碰撞变电站设备，发生完全非弹性碰撞，碰撞后无人机水平方向静止并跌落，在此条件下有动量守恒，即

$$mv = Ft \tag{2-21}$$

式中：m 为无人机质量；v 为无人机巡检速度；F 为无人机与变电站设备碰撞中的平均冲击力；t 为碰撞时间。

以 AKO-110 型绝缘子为例，在静态试验时，绝缘子的破坏应发生在单位面积冲击力不小于 1420N/cm^2 时，即作为发生碰撞时绝缘子可承受的极限单位面积冲击力。

上述模型可转化为无人机质量与巡检速度的参数约束条件，即

$$mv \leqslant 1420St \tag{2-22}$$

式中：S 为无人机冲击面积。

对该模型求解即可得到无人机质量及巡检速度的选取范围，如图 2–32 所示。

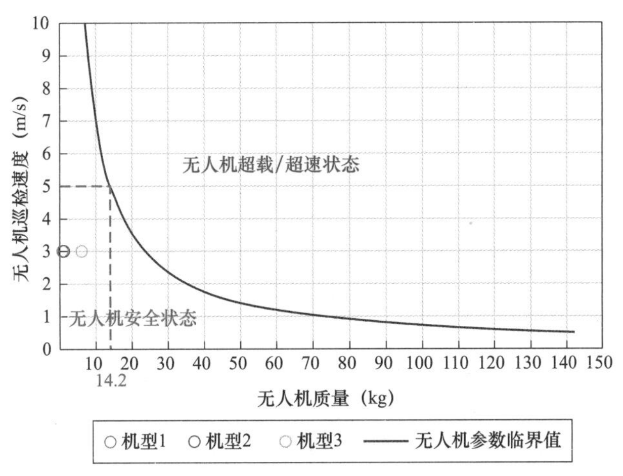

图 2–32　无人机质量及巡检速度选取范围

当所选取无人机的参数位于无人机参数临界值曲线之下时，即可说明该无人机巡检时与变电站设备间是发生碰撞是安全的。由图 2–32 可得，所测试三种无人机均远远小于无人机与带电设备碰撞极限，即不会对变电设备产生影响，该结论与上述试验结果相一致。

2.2.6　研究结论

针对无人机巡检时可能会与变电站设备之间产生间隙放电的问题，通过 COMSOL 软件对无人机巡检时的各种情况进行理论分析，研究临近、穿越工况下变电站设备以及无人机附近的电场分布。

临近巡检仿真过程中，各电压等级下两种仿真无人机与高压设备距离为 20cm 时产生的表面场强最大。各电压等级下仿真过程中无人机表面最大场强均小于标准大气压强及湿度条件下的空气击穿场强。无人机在标准环境下（未考虑特殊海拔、雨雪天气等因素）临近巡检时，在 110、220kV 和 500kV 电压等级下与高压设备保持 20cm 的水平距离均不具有发生电气击穿的风险。

穿越巡检仿真过程中，各电压等级下无人机表面最大场强同样小于空气击穿场强。无人机在标准环境下穿越巡检时，在 110、220kV 和 500kV 电压等级下与高压设备保持 20cm 的水平距离不具有发生电气击穿的风险。

在无人机抗干扰度仿真中，计算得到了两种无人机主控部分在不同于导线的间距、不同负载电流下的最大磁场强度。随着负载电流的增大，磁场强度也随之增大，相同的水平距离下，负载电流越大主控部分的最大磁场强度越大。

为了保证无人机穿越巡检时不发生空气击穿，通过极限空气击穿场强的计算给出了对于无人机尺寸的要求，目前各电压等级下的常用轻型多旋翼无人机基本满足无人机穿越巡检的尺寸要求。

针对无人机巡检时飞行速度以及整机质量典型值的确定，根据变电站设备抗冲击强度，给出无人机重量与巡检速度相互耦合的约束条件。在无人机碰撞试验的基础上，将测试无人机工况代入理论计算，得到无人机巡检中载重及巡检速度的理论极限值。

2.3 试验研究

2.3.1 临近设备间隔试验

在上述仿真试验的基础上，以各电压等级典型变电站、典型无人机、典型巡检场景为背景开展研究，遥控飞机起飞进入不同电压等级带电体不同距离，观察无人机及被接近带电体表面电晕放电情况。

变电站无人机巡检临近间隔试验场地上布置有110、220、500kV电压等级绝缘子工装平台及加压设备，以及紫外成像仪、摄像机等仪器设备。

具体实验过程如下：

（1）在指定起降区域将试验样品通电，完成自检，处于待机状态。

（2）将试验设备带电至指定电压（110、220、500kV电压等级相电压），将试验样品以规定的飞行速度垂直起飞至指定高度，按照试验起始距离和步进设定逐步进位到离绝缘子不同距离处稳定悬停，紫外和可见光摄像观察绝缘子及无人机是否发生电晕放电，记录试验现象及无人机位置，评估无人机工作状态。调整无人机位置继续试验。测试无人机接近导致无人机及被接近带电体的极限安全距离。

考虑到最终试验结果的实用性和普遍性，本试验的无人机型号主要为应用于变电站巡检两种典型型号轻型多旋翼无人机，如图2–33所示，具有灵活性好、容易操作、便易携带，操作简单，可以在空中实现悬停并且悬停的精度很高的特点。两种无人机在尺寸上类似，但是内部构造以及通信线路存在些许差异，以下称为试验型号1及试验型号2。

(a) 试验型号1

(b) 试验型号2

图2–33 巡检无人机的选取

1. 500kV 临近试验

对于 500kV 变电站临近试验，每一相采用两根 500kV 规格的绝缘支柱构建一个绝缘间隔，然后连接上相应的导线，导线上施加相应的相电压来模拟 500kV 变电站的电磁环境，整个试验场地的布置情况如图 2–34 所示。考虑到交直流高压测量装置的量程问题以及高压的安全问题，采用两个油浸式变压器进行连续升压。

图 2–34 500kV 变电站试验场地

进行 500kV 电压等级临近试验时，无人机采用手动飞行方式进行巡检。无人机依次临近巡检两根绝缘支柱，选取 4 个高度点（绝缘支柱上方，支柱绝缘子的顶端、中部和底部），在每个高度处，无人机飞行至与绝缘支柱水平距离由大及小，飞行路径中间隔一定距离再选取 2 个悬停点。试验型号 1 临近巡检的过程图如图 2–35 所示。

图 2–35 试验型号 1 悬停临近

两种型号的无人机在临近巡检的过程中均处于正常工作状态且未引发放电，并且选取的悬停点与绝缘支柱越近，无人机周围的光子数率越多，选取的高度点离导线越近，无人机周围的光子数率越多。在无人机极限距离临近绝缘支柱的飞行过程中（继续前飞无人机会与高压设备相撞），无人机的工作状态保持正常且无放电现象的产生，但是出现了光子朝无人机积聚的现象，如图 2–36 所示。

图 2-36　无人机极限临近

2. 220kV 临近试验

220kV 试验场地如图 2-37 所示。整个试验场地具有完整的间隔，从构架进线—电容电压互感器（CVT）—隔离开关—TA—断路器—TV—避雷器—变压器。由调压器、油浸式试验变压器、交直流高压测量装置等组成工频高压试验装置，对整个试验场地以及导线加压来模拟 220kV 变电站的电磁环境。

图 2-37　220kV 变电站无人机巡检试验场地

220kV 电压等级无人机临近巡检试验采用自动飞行和手动操作相结合的方式完成航线。无人机从与高压设备的水平距离由大及小，飞行路径中隔一定距离设置两个悬停点。

图 2-38 为无人机临近巡检过程中的拍摄图，无人机工作状态正常表明无人机各项功能和性能均正常，地面人员对无人机的操控没有阻碍，影像传输未出现任何异常。

实验结果表明，总体的趋势是无人机巡检越接近导线以及高压设备时的光子数越多，无人机在巡检隔离开关附近时的光子数较多。在悬停巡检的整个过程中，两种型号的无人机均保持工作状态正常且未引发放电现象的产生。

图 2-38 无人机悬停临近

然后采用手动操控两种型号的无人机临近高压设备，无人机的工作状态均始终保持正常，且未产生放电。当无人机达到极限距离时，无人机仍均保持正常且未引发任何放电现象的产生。

3. 110kV 临近试验

110kV 临近试验与 220kV 临近试验采用相同的场地基础，对电气关系进行调整，每一相采用 110kV 规格的绝缘支柱构建一个绝缘间隔，然后连接上相应的导线，导线上施加相应的相电压来模拟 110kV 变电站的电磁环境，如图 2-39 所示。

图 2-39 110kV 电压等级无人机巡检试验设备

110kV 电压等级无人机临近巡检试验同样采用了自动飞行和手动操作两种方式进行试验。无人机依次临近巡检两根绝缘支柱，在对每根绝缘支柱的巡检中选取 2 个高度点（绝缘支柱顶部和中部）。无人机从各高度点逐渐靠近绝缘支柱，飞行路径中隔一定距离设置两个悬停点；并手动操控无人机尽可能地靠近高压设备，观测无人机以及高压设备表面在极限距离时是否发生放电。

图 2-40 和图 2-41 为无人机临近巡检过程中的拍摄图。在自动飞行过程中，110kV 电压等级工况下的无人机表面光子数率（1000 以下）几乎可以忽略，未发生放电，工作状态一切正常。当手动飞行无人机达到极限距离时，无人机以及高压设备表面没有发生任何放电现象，无人机能够正常操作。

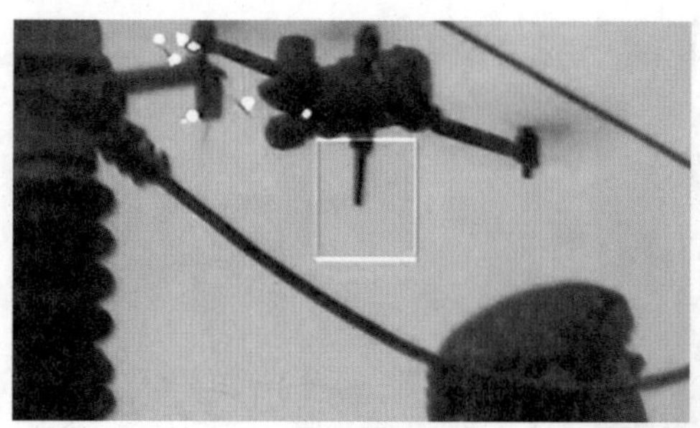

图 2-40　110kV 电压等级试验型号 1 临近航线

图 2-41　110kV 电压等级试验型号 2 临近航线

2.3.2　穿越设备间隔试验

变电站无人机巡检时不仅可能对单相设备进行临近巡检，还有可能会从两相设备之间穿越巡检，无人机的存在可能会使两相设备间的电场产生畸变，进而危害设备的安全运行，因此无人机穿越巡检的安全性试验十分必要。变电站无人机巡检穿越间隔试验的试验设备与临近间隔试验基本一致。具体步骤如下：

（1）在指定起降区域将试验样品通电，完成自检，处于待机状态。

（2）将试验设备带电至指定电压（110、220、500kV 电压等级相电压及线电压）。

（3）相间穿越：规划航线，遥控飞机以规定的飞行速度起飞进入不同电压等级带电体相间，观察无人机及被接近带电体表面电晕放电情况，测试无人机在带电体周围不同等电位处的飞行稳定性，评估无人机工作状态，观察不同尺寸大小无人机在不同电压等级相间间隔内飞行是否会导致相间短路，测试无人机穿越导致无人机或被穿越间隔带电体的极限安全距离。

1. 500kV 穿越试验

500kV 电压等级穿越试验中采用了手动操作的方式，选择了两个高度点（最高的支柱绝缘子的顶端和中部），无人机飞至两相中间作为起始点，进行相间穿越巡检，然后调整无人机与两相的距离，大致调整为略微靠近某一相支柱，进行相间穿越巡检。无人机在穿越巡检过程中保持正常状态，未引发放电现象的产生，但是空间中光子数率相较于临近的单相巡检大大增加了。当无人机位于两相正中间时，无人机附近的光子数率最低，越接近于某一相时，光子数率越高。

2. 220kV 穿越试验

220kV 电压等级穿越试验，采用自动飞行和手动操作相结合的方式，无人机飞至两相中间作为起始点，进行相间穿越巡检，然后调整无人机与两相的距离，大致调整为略微靠近某一相支柱，进行相间穿越巡检。在考虑仪器误差的情况下可以得到，无人机在穿越巡检隔离开关时，均处于正常状态未出现放电现象，越靠近顶端导线和设备顶端无人机周围的光子数率越多。无人机在穿越巡检其他高压设备时也均处于正常状态未出现放电现象，光子数率相较于隔离开关处要小很多，不予统计。

3. 110kV 穿越试验

110kV 电压等级穿越试验，采用四根 110kV 的绝缘支柱上架通了 110kV 的电压的导线来模拟 110kV 的变电站电磁环境，如图 2-42 所示，采用手动飞行模式来进行 110kV 无人机穿越巡检试验。航线选择与 220kV 无人机穿越巡检试验一致。

图 2-42　110kV 电压等级无人机穿越巡检试验设备

图 2-43 和图 2-44 为无人机穿越巡检过程中的拍摄图。试验结果与 220kV 和 500kV 电压等级情况下类似，无人机在穿越巡检其他高压设备时也均处于正常状态未出现放电现象，航线位于正中间位置时光子数率最少，距离其中一相越近，电场畸变越严重，光子数率也越多。

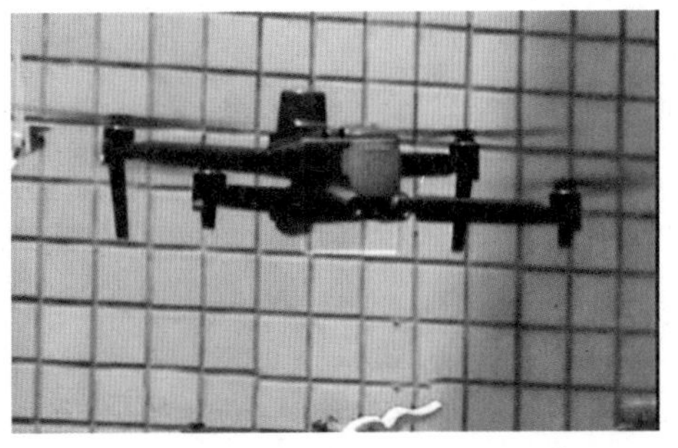

图 2-43　试验型号 1 穿越 110kV 设备

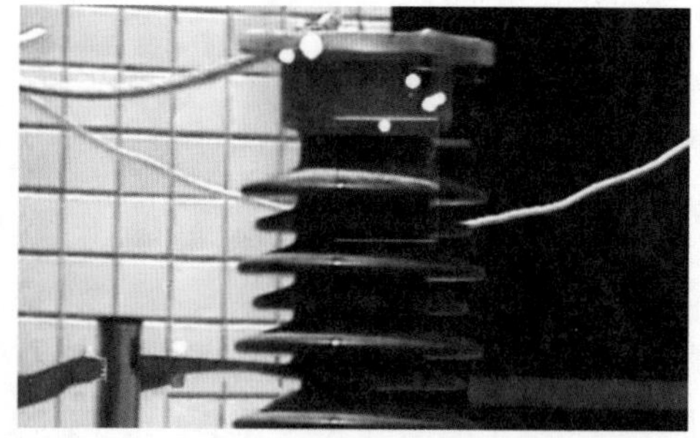

图 2-44　试验型号 2 穿越 110kV 设备

2.3.3　电磁场抗扰度试验

以各电压等级典型变电站、典型无人机、典型巡检场景为背景开展研究，测试不同机型无人机在工频电磁场环境下工作状态是否正常、是否出现失控现象，确定电磁场抗扰度试验水平。

环境温度为 23.4℃，相对湿度为 38.9%。要求无人机应能承受 GB/T 17626.8—2006《电磁兼容　试验和测量技术　工频磁场抗扰度试验》规定的严酷等级为 5 级的工频磁场干扰。工频磁场干扰试验接线图示意图如图 2-45 所示。连续磁场的磁场强度为 100A/m；持续时间为 300s；频率为 50Hz；磁场方向有三个，分别为 *X* 轴、*Y* 轴、*Z* 轴。检验方法为浸入法，判断依据为在试验过程中无人机应正常工作，不发生错误动作和损坏。图 2-46 给出了工频磁场干扰试验装置的布置图。

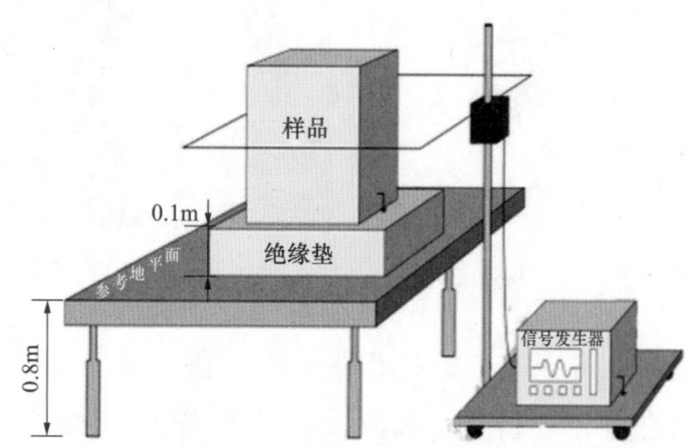

图 2-45　工频磁场干扰试验接线图

在三种不同方向（*X* 轴、*Y* 轴、*Z* 轴）的磁场强度为 100A/m 的连续磁场中，试验型号 1 与试验型号 2 均能正常工作，能够稳定工作，不会出现误动作。

无人机除了应承受工频磁场干扰外，还应能承受 GB/T 17626.2—2018《电磁兼容　试验和测量技术　静电放电抗扰度试验》规定的严酷等级为 4 级的静电放电干扰。静电放电抗扰度试验接线图如图 2-47 所示。进行了空气放电和接触放电两种静电放电干扰试验。空气放电的电压等级有四种，分别为 ±2、±4、±8kV 和 ±15kV；接触放电的电压等级为 ±8kV。放电间隔为 1s，正负极性放电次数均大于 10 次。判断依据为在试验过程中应正常工作，不发生错误动作和损坏。图 2-48 给出了静电放电干扰试验装置的布置图。

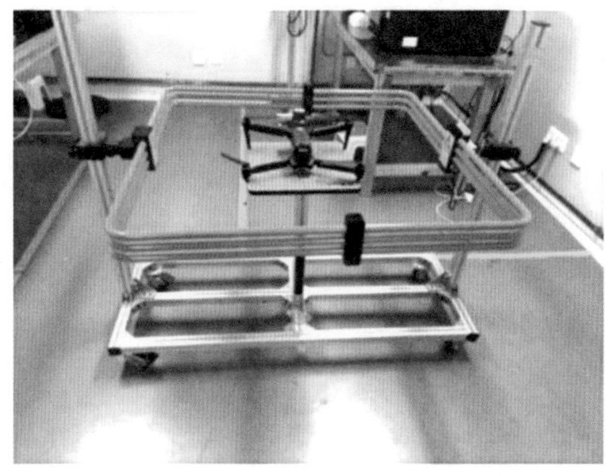

图 2-46　工频磁场干扰试验布置图

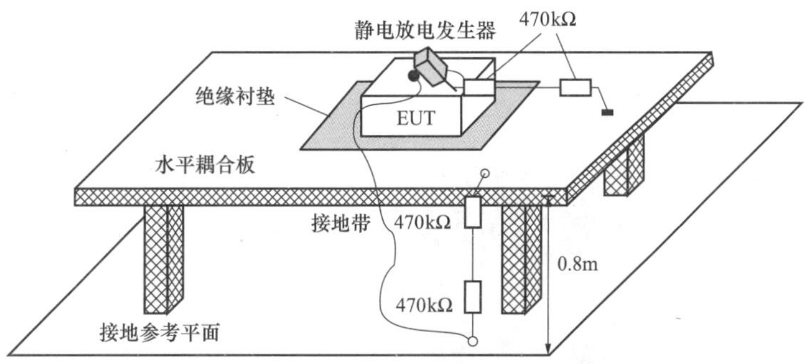

图 2-47　静电放电抗扰度试验接线图

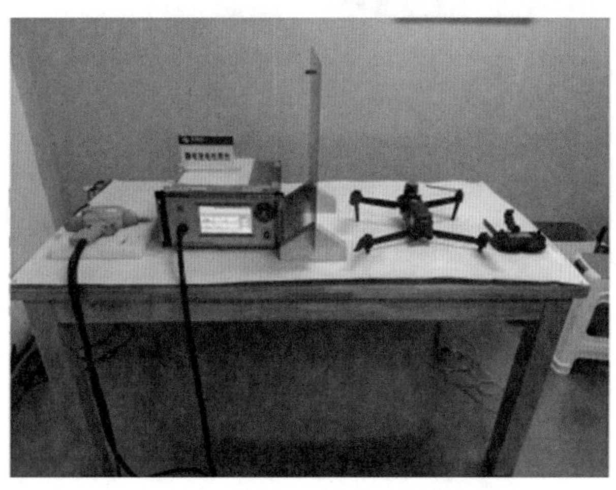

图 2-48　静电放电抗扰度试验布置图

在不同电压等级的空气放电和接触放电试验中，无人机均能正常工作，不会出现误动作，表面无电晕放电现象。因此，两种无人机在工频磁场干扰试验和静电放电抗扰度试验中均达到合格标准，满足国家标准要求。

2.3.4 临近设备电晕试验

针对升压产生辉光、刷状、跳跃等严重电晕放电情形情况，需要测试无人机临近及穿越时的稳定性及电气设备外绝缘状态。测试不同机型处于以上严重电晕放电情形下飞控稳定性及自主飞行的航迹精度，评估无人机工作状态，评价不同机型电晕放电抗扰度。

变电站无人机巡检电晕试验场地上布置有模拟工频高压连接均压环和导线产生辉光、刷状、跳跃等严重电晕放电情形情况。

220kV 电压等级电晕试验，采用自动飞行和手动操作相结合的方式，在设备的顶端缠上铁丝模拟带毛刺情况。无人机的航线与 220kV 电压等级穿越试验一致。每个设备选择两个高度点，分别为设备的顶部和中部，且每个位置悬停均临近。以上航线各飞两次，一次紫外仪拍摄无人机所临近的设备光子状况，另一次紫外仪拍摄无人机光子状况。

无人机穿越 220kV 电压等级带毛刺设备隔离开关部分电晕试验如图 2-49 所示。增加毛刺产生电晕放电后，虽然毛刺的放电十分强烈，但无人机靠近毛刺，自身仍未产生放电，工作状态一切正常。

图 2-49 无人机穿越 220kV 带毛刺设备隔离开关部分电晕试验

110kV 电压等级电晕试验的航线选择与 110kV 电压等级穿越试验一致，实验流程与 220kV 电压等级电晕试验相同，在绝缘子顶部缠绕铁丝以模拟毛刺。无人机穿越 110kV 电压等级带毛刺绝缘子部分电晕试验如图 2-50 和图 2-51 所示。

增加毛刺产生电晕放电后，虽然毛刺的放电较为强烈，光子数率达到 1000 以上，但当无人机靠近毛刺时，无人机自身仍未产生放电，工作状态无异常。

图 2-50　试验型号 1 穿越 110kV 电压等级带毛刺绝缘子部分电晕试验

图 2-51　试验型号 2 穿越 110kV 电压等级带毛刺绝缘子部分电晕试验

2.3.5　设备碰撞试验

变电站无人机巡检碰撞试验是一种动态力学性能试验，主要用来测定冲断一定形状的试样所消耗的功，又叫冲击韧性试验。冲击试验是研究材料对于动荷抗力的一种试验，和静载荷作用不同，由于加载速度快，材料内的应力骤然提高，变形速度影响了材料的机构性质，因此材料对动载荷作用表现出另一种反应。往往在静载荷下具有很好的塑性性能。在冲击载荷下会呈现出脆性的性质。冲击试验是用来度量材料在高速状态下的韧性或断裂的抵抗能力的。

变电站无人机巡检碰撞试验的检验指标主要包括外观检查、回路电阻和绝缘电阻等。回路电阻试验原理图如图 2-52 所示。回路电阻测试仪采用电流电压法测试原理（也称四线法），回路电阻测试仪电流源通过 I+、I- 两端口，在被试品上加载电流，电流的大小可直接通过屏幕显示出来，然后被试品两端的电压降通过 V+、V- 两端口读取得到，回路电阻测试仪即可自动算出被试品的阻值。

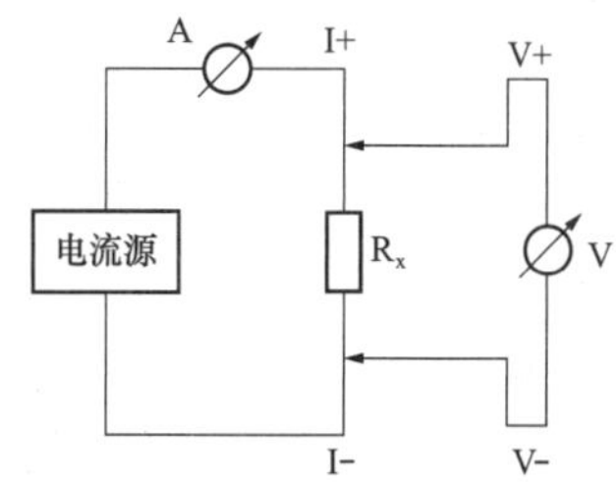

图 2-52　回路电阻试验原理图

测量电气设备的绝缘电阻，是检查设备绝缘状态最简便和最基本的方法。在现场普遍用绝缘电阻表测量绝缘电阻。绝缘电阻值的大小常能灵敏地反映绝缘情况，能有效地发现设备局部或整体受潮和脏污，以及绝缘击穿和严重过热老化等缺陷。采用绝缘电阻表测量设备的绝缘电阻，由于受介质吸收电流的影响，绝缘电阻表指示值随时间逐步增大，通常读取施加电压后60s的数值，作为工程上的绝缘电阻值。

被撞击的试验对象包括隔离开关绝缘子、隔离开关触头、架空导线、断路器机构箱、绝缘子本体等。试验前，观察设备外观情况，测试设备的绝缘水平，在设备撞击面上加装压力传感器，以便测量撞击时的实时数据，设置高速摄像机对试验全过程进行记录，重点关注撞击瞬间无人机姿态，设备形变情况。试验时，无人机以规定的飞行速度，在距离被撞设备一定距离处匀速撞向被撞设备，试验后随即对设备进行外观观察、绝缘水平测试，并与试验前设备绝缘水平进行比较。

隔离开关的易损度高、在航线中出现的频率高、碰撞后危害度高，是被撞风险系数高、需重点关注的设备。碰撞试验的对象包括隔离开关触头和隔离开关本体。隔离开关触头材质为金属，隔离开关本体的材质为陶瓷。断路器绝缘子、TA绝缘子、TV绝缘子、支撑绝缘子、套管绝缘子均与隔离开关本体为一种材质，以上同类材质设备碰撞试验参考隔离开关本体碰撞试验。隔离开关选用型号为CR12-MH25的产品，电压等级为110kV。

所有碰撞试验的流程基本一致，隔离开关本体的碰撞试验的具体步骤如下：

（1）将隔离开关安放、固定在构架上。

（2）进行试验前准备工作，记录环境参数。

（3）对隔离开关主体进行试验前外观观察及绝缘电阻测试。

（4）设置试验机型速度为速度值1（即3m/s），以及无人机与隔离开关主体距离，导入航线开展碰撞试验，记录压力传感器数值及碰撞发生时间。

（5）对被撞后的隔离开关主体进行外观观察及绝缘电阻测试。

（6）记录碰撞后无人机的损坏情况。

（7）回收相关设备并清理现场。

（8）将无人机速度设置为更高的速度值2（即5m/s）重复以上试验。

图2-53给出了隔离开关A相绝缘子的实物图。隔离开关绝缘子的绝缘电阻要高于500MΩ才能符合标准要求。无人机以速度值1速度撞击绝缘子前，绝缘子的绝缘电阻超出了绝缘电阻测量仪的测量量程（100000MΩ），撞击后绝缘子的绝缘电阻大于90000MΩ，符合标准要求。无人机以速度值2速度撞击绝缘子后，绝缘子绝缘电阻的最小值约为19400MΩ，仍远高于标准要求。撞击前后绝缘子支柱外观良好，无明显损坏。

图2-54给出了隔离开关A相触头的实物图，主要通过对触头进行检查并测量回路电阻来评估受损情况。无人机以速度值2速度撞击隔离开关触头前回路电阻约为130μΩ，撞击后回路电阻约为120μΩ。撞击前后隔离开关触头外观良好，回路电阻试验值均在合格范围。

架空导线同样是被撞风险系数高、需重点关注的设备。架空导线材质为金属，其他同材质金属导线、引线的碰撞试验均可参考此架空导线的碰撞试验。架空导线选用型号为LGJX-400/40，电压等级为110kV。选择两个隔离开关间的A相导线进行碰撞试验，如图2-55所示，通过对导线进行检查并测量回路电阻来评估受损情况。

在合闸状态下无人机以速度值 2 对隔离开关间 A 相导线进行撞击，撞击前后导线外观良好，并且撞击前后的回路电阻基本保持不变，约为 240μΩ，均在合格范围内。

图 2-53　隔离开关 A 相绝缘子

图 2-54　隔离开关 A 相触头

绝缘子串是变电站的常见设备，属于易损度高、被撞风险系数高、较容易损坏的设备。绝缘子本体材质为陶瓷、玻璃或者硅胶，陶瓷材质可参考隔离开关本体碰撞试验。这里选用 110kV 悬式玻璃绝缘子串作为试验对象，如图 2-56 所示。控制无人机撞击玻璃绝缘子后，对绝缘子外观进行检查并评估受损情况。

图 2-55　隔离开关间的 A 相导线

图 2-56　玻璃绝缘子

以速度值 2 的速度撞击后，玻璃绝缘子无破碎，表面有轻微刮痕，如图 2-57 所示，未对绝缘子造成影响运行功能的危害，无人机对绝缘子发生碰撞时几乎无任何危害性。

图 2-57　碰撞后玻璃绝缘子表面有轻微刮痕

断路器机构箱的易损度为中等、在航线中出现的频率高、碰撞后危害度为中等，断路器机构箱属于被撞风险系数高、需较为关注的设备。断路器机构箱材质为不锈钢，其他同材质的端子箱、汇控箱等箱体的碰撞试验均可参考此断路器机构箱的碰撞试验。断路器机构箱选用型号为 JXW 的产品，如图 2-58 所示。控制无人机以速度值 2 的速度撞击开关机构箱体，对开关机构箱整体进行检查并评估受损情况。

图 2-58　断路器机构箱

撞击后外观完好，无刮痕。箱体未发生明显变形，无人机整体正常不影响再次飞行。碰撞结果显示，无人机与机构箱发生碰撞后危害性微乎其微，不会导致无人机的不可控运行。

对 TA 硅胶进行了碰撞试验，如图 2-59 所示，通过对 TA 硅胶外观进行检查并测量绝缘电阻评估受损情况。无人机以速度值 2 的速度撞击 TA 硅胶，碰撞前硅胶的绝缘电阻大于 100000MΩ，第一次碰撞后约为 72000MΩ，第二次碰撞后约为 50000MΩ。碰撞前后硅胶片外观良好，且绝缘电阻均远高于标准要求（500MΩ），在合格范围内。

图 2-59　TA 硅胶

此外，还控制无人机撞击避雷器 B 相表计，对表计外观进行检查并评估受损情况。撞击后表计外壳无破碎，有轻微刮痕，并不会影响正常读表，如图 2-60 所示。无人机在碰撞后未出现不可控的情况。

图 2-60　避雷针 B 相表计撞击后表面有轻微划痕

2.3.6　研究结论

针对各临近与穿越的工况下，无人机巡检时可能对设备正常工作带来影响及对无人机本身安全造成影响的问题，通过不断提高电压等级，控制无人机悬停或临近带电设备的方法进行测试。由标准环境下悬停临近试验结果可得，110、220kV 电压等级下当无人机悬停或临近于带电设备 20cm 外时，500kV 电压等级下距离带电设备 50cm 时，均未发现试验无人机飞行和测控异常，无人机均处于可控状态下，该结果与理论仿真相符。

根据标准环境下穿越试验结果，110、220kV 电压等级下，试验无人机位于绝缘支柱某高度距离一相为 20cm 时，未发现无人机飞行和本身自检系统异常，无人机均处于可控状态下；500kV 电压等级下，无人机位于绝缘支柱某高度距离一相为 50cm 时，未发现无人机飞行和测控异常，无人机均处于可控状态下。为了模拟更严峻的工作环境，在有毛刺的情况下，进行电晕试验，虽然毛刺表面产生了放电，与带电设备间空气击穿，但当无人机接近时，无人机未出现不可控的情况，运行状态正常，与理论仿真相符。

由该系列极限条件试验可得出结论，无人机在临近与穿越变电站带电电气设备间隔时，与带电设备间保持国家和行业现行标准规定的距离是安全的。

针对无人机进行巡检工作时是否会受到电磁干扰的问题，对两种机型的无人机进行抗干扰度试验。试验无人机在工频磁场和静电放电的干扰下，工作状态均为正常。在国家标准严酷等级为 5 级的工频磁场干扰的试验中，两种试验无人机的性能均达到标准要求；在静电放电抗扰度试验中，空气放电与接触放电两种试验条件下，两种试验无人机的性能也均达到标准要求。

针对无人机巡检时与设备发生碰撞，可能对无人机本身安全造成的影响，进行无人机与隔离开关绝缘子、TA 硅胶、隔离开关触头、隔离开关间导线、避雷针表计、玻璃绝缘子、开关机构箱的碰撞试验，记录设备试验前后回路电阻测量、绝缘电阻测量，并进行对比。从结果中可以得知，无人机在变电站巡检中发生碰撞时，对设备的冲击以及设备的受损状况均为良好，设备在发生碰撞后的受损外观不会影响设备的正常使用以及表计等读数，绝缘电阻、回路电阻检测结果也在正常范围内。

第3章 变电站三维建模

变电站三维建模是基于数字影像、激光雷达等技术，将变电站的真实场景数字化，构建出高精度模型，包括实景模型、点云模型等。其中，实景模型是具备实景贴图的变电站地形地貌及设备设施的三维表达，点云模型是由三维空间离散点数据集合表示的变电站地形地貌及设备设施的三维表达，均可反映变电站的空间位置及几何形体等信息。变电站三维模型可应用于各电压等级的变电站设计、建设、运维等全过程分析和管理，同时也是无人机航线规划与智能巡检的重要基础。

在探索搭建变电站三维模型的历程中，应用的技术有倾斜摄影、激光雷达、建筑信息模型（building information modeling，BIM）等建模技术。因为变电站模型应用的多样化需求，在经过不断的实践探索后，现在演变出了将倾斜摄影、激光雷达、BIM 三者结合起来使用的融合建模技术。

3.1 倾斜摄影建模

倾斜摄影技术是测绘行业近些年发展起来的一项高新技术，它融合了传统的航空摄影和近景测量技术，通过同时从一个垂直、四个倾斜，共五个不同的角度采集影像，再由解算软件将各角度影像拼接成实景三维模型，构建出符合人眼视觉的真实直观世界。

3.1.1 建模原理

倾斜摄影技术是通过在同一飞行平台上搭载多台传感器，同时从垂直、倾斜等不同角度采集影像（见图 3–1），获取地面物体更为完整准确的信息。垂直地面角度拍摄获取的影像称为正片，镜头朝向与地面成一定夹角拍摄获取的影像称为斜片。在采集完地面信息后，通过建模软件进行数据处理，将连续的二维影像构建成实景三维模型。

此技术应用在变电站建模中，是利用无人机在高层空域从不同角度拍摄所需构建变电站的整体图片，再从中低层空域补拍建（构）筑物及电气设备细节图片，最终通过"空间三角测量学"原理，对所有图片不断提取具有重叠率的同名点进行"空三解算"，形成倾斜摄影点云模型后，以贴图的方式构建出倾斜摄影实景模型。航线飞行拍摄概念图如图 3–2 所示。

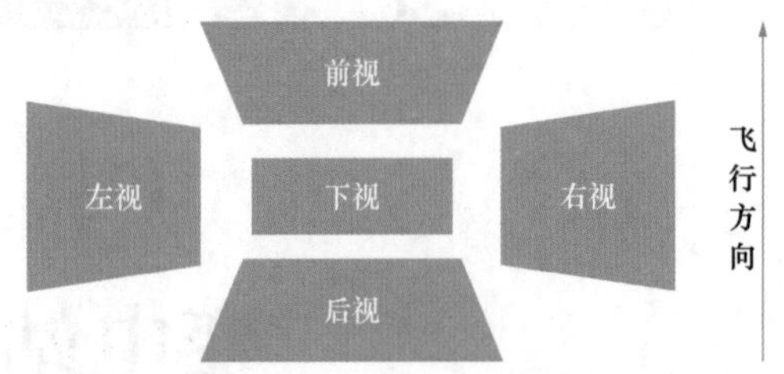

图 3-1　五个角度拍摄概念图

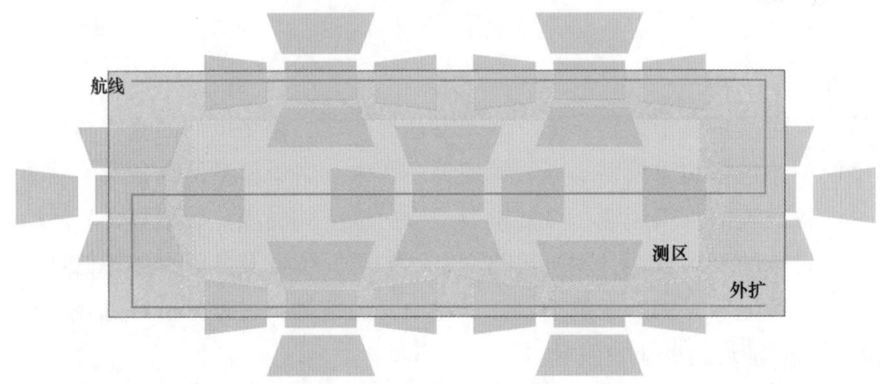

图 3-2　航线飞行拍摄概念图

对于其中涉及的概念解释：

（1）“空三解算”：是利用“空间三角测量学”原理，将具有一定重叠率的定位定姿系统（position and orientation system，POS）信息，计算出同名点的坐标。

（2）“重叠率”：是指两张相邻照片所覆盖的区域，占单张照片拍摄总区域的百分比，重叠率越高，计算机越好辨认，计算出的同名点也就越多。

（3）“同名点”：计算机在数据处理时，在相邻照片中通过重叠部分提取具有相同特征的点。

3.1.2　建模方法

3.1.2.1　建模装备及参数

倾斜摄影技术工作分为数据采集和数据解算两部分，都分别对装备及参数有一定的要求，配置建议见表 3-1。

表 3-1　建模装备及参数建议表

装备	参数要求			
测绘无人机	功能	起飞质量（含载荷质量）	飞行时长	抗风性能
	具有实时动态（real time kinematic，RTK）定位功能；遥控器支持自动执行功能	不大于 10kg	不低于 25min	不低于 10m/s 风速

续表

装备	参数要求			
测绘摄像头	外设镜头	像素	快门	光圈
	定焦镜头	不小于 2000 万	不低于 1/1000s	—
解算工作站	CPU	内存	硬盘	显卡
	8 核 16 线程或以上，主频 3.8GHz 或以上	128GB 或以上	5T 或以上	基础频率 1.37GHz 或以上，显存 8GB 或以上

3.1.2.2　建模方法及步骤

建模的数据采集采用自动飞行拍摄、手控飞行拍摄或人工补充拍摄的方式，先对变电站进行整体采集，再对设备设施细节进行局部采集，将采集的照片全部导入工作站电脑通过软件进行解算，构建出模型，倾斜摄影建模流程如图 3–3 所示。

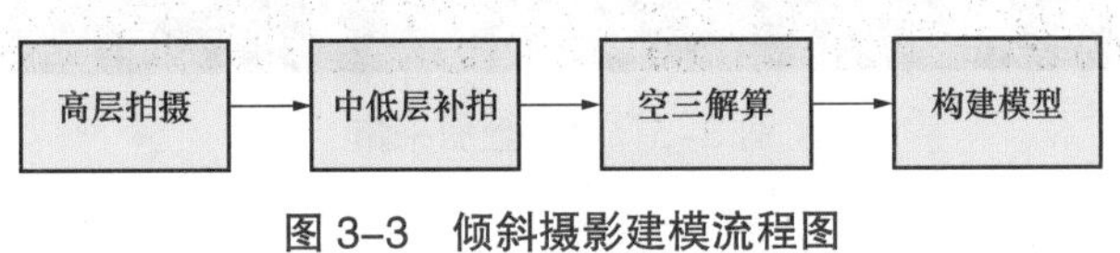

图 3–3　倾斜摄影建模流程图

图片数据采集方法解析如图 3–4 所示。具体方法及步骤如下：

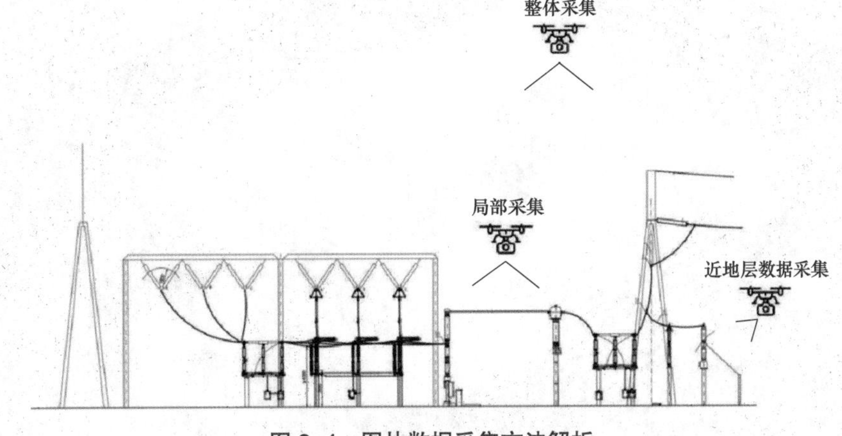

图 3–4　图片数据采集方法解析

（1）整体采集。在高层与中层采用“五向”拍摄法采集变电站照片，即对设备、设施以正摄的方向，从前、后、左、右四个方向以固定的倾斜视角进行拍摄。采集航线应纵横交叉规划，包括高层和中高层数据采集航线：

1）高层数据采集（见图 3–5）：高度设置在数据采集范围内最高建（构）筑物以上 20～30m，宜控制航向、旁向重叠度不小于 80%，设置无人机采用“蛇形”飞法（见图

3-6）自动飞行拍摄，针对变电站整体［包括户外设备区域、建（构）筑物及变电站周边护坡、隐患点、杆塔等］进行数据采集。

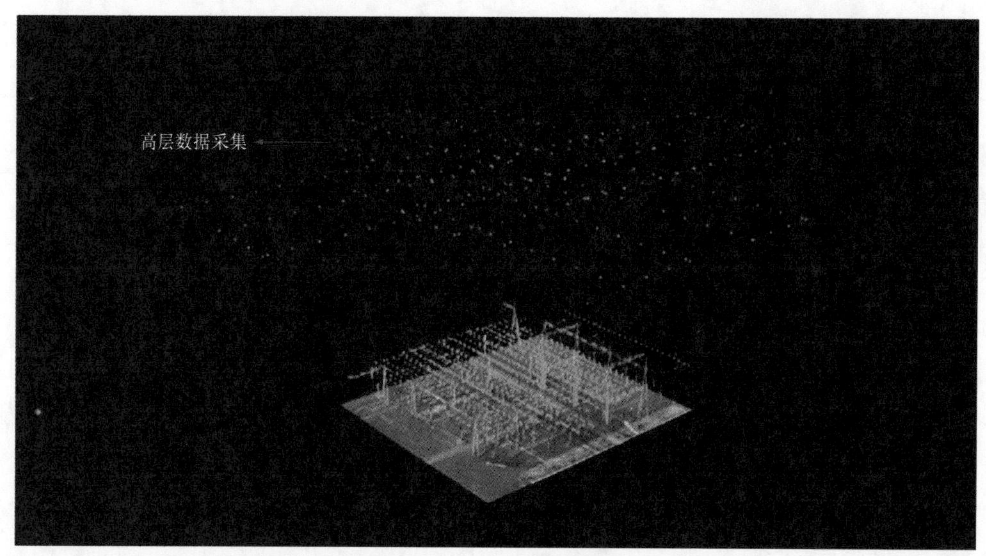

图 3-5　高层数据采集

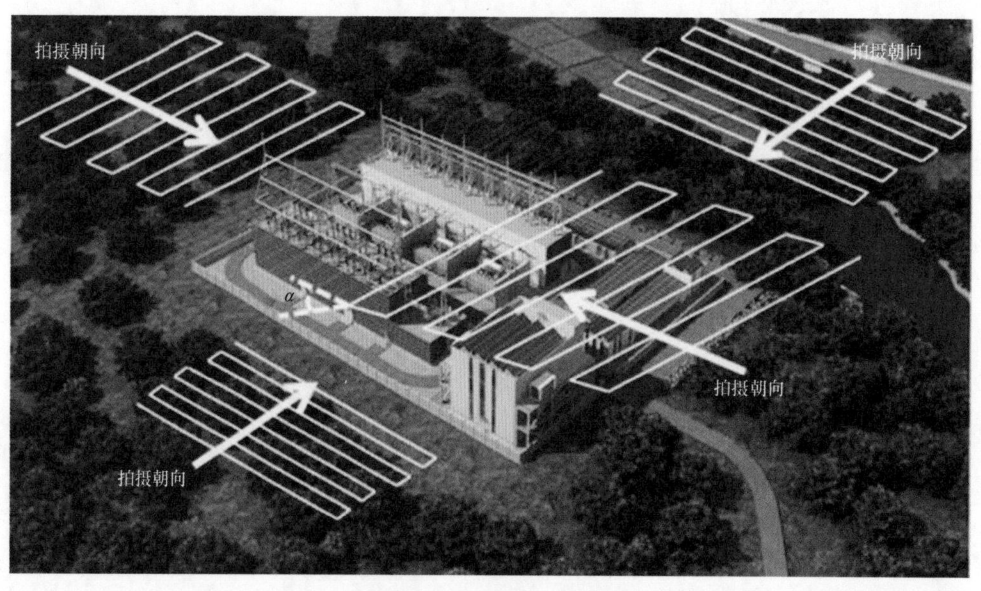

图 3-6　“蛇形”飞法

2）中高层数据采集（见图 3-7）：高度设置在设备区域龙门架以上 3～5m，需要控制航向，且注意旁向重叠度不小于 80%，采用自动飞行或手控飞行拍摄，针对变电站户外设备区域进行整体采集。

图 3–7　中高层数据采集

（2）局部采集。根据模型精度需求，对变电站设备设施进行中低层航线数据采集和近地层数据采集，对设备、设施局部细节与遮挡部位进行多角度数据采集。

1）中低层数据采集（见图 3–8）：高度设置在设备构架以上，采用自动飞行或手控飞行补充采集，应根据设备区域人行步道分布、朝向以及地形敷设，针对设备设施（变压器、断路器、隔离开关、电流互感器、电压互感器、避雷针、构支架、导线、主控楼等）局部细节进行数据采集。

图 3–8　中低层数据采集

2）近地层数据采集：高度设置在设备构架以下，采用人工补充拍摄，针对近地层设备、设施（设备基础、机构箱、端子箱、汇控柜、接地铜排等）或因空间狭窄而导致无人机无法飞行拍摄的局部细节进行数据采集。

（3）数据解算。将外业采集数据的照片导入建模软件，根据解算要求进行参数设置后开始解算建模。

航测和低空补测须有一定的重叠率及配合性，在导入软件解算时应将所有（航测及补测）照片一次性导入、解算产出模型。补拍的照片不应与前次航测照片相隔太久，避免软件解算时两次照片出现无法相互融合的情况。

3.1.3 质量要求

3.1.3.1 数据质量

无人机倾斜摄影作业完成后，应对影像数据和 POS 数据进行质量检查，质量应达到以下要求：

（1）数据采集应覆盖变电站围墙内的所有设备、设施及建（构）筑物，可根据实际需要延伸至变电站站外护坡、出线杆塔、周边隐患点等区域。

（2）照片对焦清晰，不应出现拍摄物成像出现变形、眩光、反光、过曝等情况。

（3）照片应全面覆盖模型目标范围，包括区域的边界与区域内部最高点位置的设备。

（4）应检查 POS 数据数量与照片数量一致，且 POS 数据与影像数据对应关系正确无误。

（5）若数据质量不符合检查要求，则应重新进行数据采集。

3.1.3.2 模型质量

无人机智能巡检对倾斜摄影技术构建的模型有着一定的质量要求，太过粗糙会导致模型失去本该有的功能，对模型质量要求如下：

（1）模型完整度。建模目标设备设施在模型中应完整、无遗漏、无局部缺损、无重复或冗余。

（2）模型精准度。模型应满足绝对位置误差与相对位置误差精度要求。

1）绝对位置误差：应以模型数据坐标中平面的误差与高程的误差作为模型绝对位置误差的衡量标准，可采用绝对位置误差校验法进行校验。

采用绝对位置误差校验法进行精准度校验，模型数据坐标与实测坐标的平面点位中误差不应大于 10cm，高程中误差不应大于 10cm。

2）相对位置误差。应以模型中细部坐标点之间的计算距离与对应实测距离的差值作为模型相对位置误差的衡量标准，可采用相对位置误差校验法进行校验。

采用相对位置误差校验法进行精准度校验，模型中细部坐标点之间的计算距离与对应实测距离的差值不应大于限差。限差宜按式（3-1）计算：

$$\delta = 20 + \frac{s}{200} \tag{3-1}$$

式中：δ 为限差，mm；s 为被测检查点间的距离，mm。

（3）模型精细度。

1）各连接部分、连接线的端点和走向明确。

2）对于模型中未能连续呈现的导线、避雷线等线状物体，其无法呈现部分的长度不影响整体位置的辨识。

3）噪点不影响建模对象的辨识。

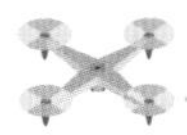

3.1.4　建模示例

表 3-2 是用倾斜摄影技术构建出来的变电站实景模型图片。

表 3-2　　用倾斜摄影技术构建出来的变电站实景模型图片

序号	模型名称	模型图片	备注
1	220kV 断路器模型		断路器模型应清晰可见，设备类型、大小、空间位置等映射出来的信息与实际一致
2	表计模型		各设备的表计模型应能正确映射，其空间位置应与实际一致
3	导线模型		导线模型可见，能正确映射线路走向，空间位置与实际一致
4	隔离开关模型	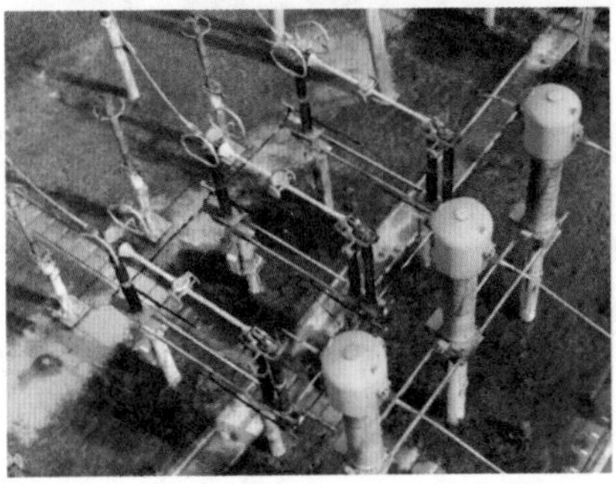	隔离开关模型应清晰、完整，能正确映射其类型、大小、走向，空间位置应与实际一致

续表

序号	模型名称	模型图片	备注
5	设备部件模型		设备部件模型应能正确映射，空间位置与实际一致
6	端子箱模型		端子箱模型应清晰、完整，双重编号能清晰可见，实际位置及大小与实际一致
7	避雷器模型		避雷器模型形状、型号、空间位置、大小应与实际一致，双重编号应清晰可见
8	设备基础、房屋、墙体类模型		建（构）筑物模型的出入口、大小、形状应能正确映射，空间位置与实际一致

3.2　激光雷达建模

激光雷达是一种集激光扫描与定位定姿系统于一身的测量装备，其包含激光发射器和接收系统。根据载体方式的不同，激光雷达技术主要分为地面三维激光扫描技术和机载激光雷达扫描技术，鉴于我国目前低空管制问题及使用便捷性，地面激光扫描技术更具优势。以地面激光扫描技术的地基激光雷达扫描技术为例展开介绍。

地基激光雷达技术采用现在较为先进的三维激光扫描仪设备（见图 3-9）进行点云建模，其具有数据采样率高、主动发射光源、高分辨率、高精度、兼容性好等特点。

图 3-9　三维激光扫描仪

3.2.1　建模原理

激光雷达建模技术的原理是通过激光器发射一束光脉冲，触碰物体后反射回来到接收器，由接收器内的系统计算光脉冲从发射到被反射回的时间，得知激光从发射到被反射回来并接收的时间，可以得出飞行距离继而算出障碍物的距离。通过专业软件，可以解算出光脉冲所触碰物体的三维坐标，结合每秒多个脉冲结果，运算出变电站三维点云模型，如图 3-10 所示。

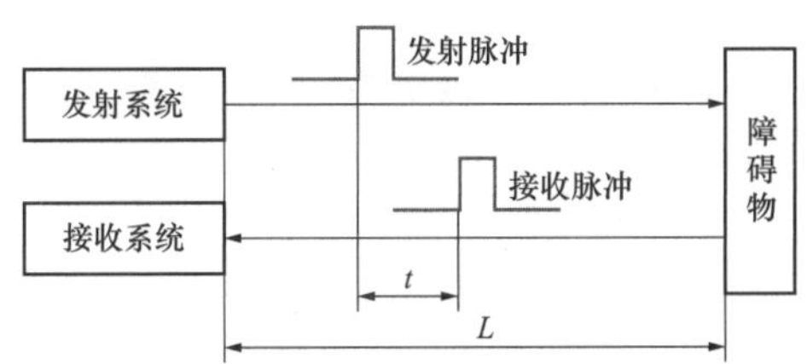

图 3-10　激光雷达原理图

t—光脉冲从发射到被接收的时间；L—待测距离

其中，根据激光信号的不同形式，激光测距方法分为脉冲测距法、干涉测距法和相位测距法等，在变电站三维建模中，运用的多为脉冲测距法技术的设备。

脉冲测距法是先让激光器发出光脉冲，计数器在光脉冲发射的同时开始计数，当接收器接收到反射回来的光脉冲时停止计数。这中间所记录的时间就是光脉冲来回所用的时间，当所知光速为固定值时，就可以通过光脉冲来回的时间计算出障碍物的距离。公式表达图如图 3–11 所示，计算公式为

$$L = ct / 2 \qquad (3\text{–}2)$$

式中：c 为光在空气中传播的速度；t 为光脉冲从发射到被接收的时间；L 为待测距离。

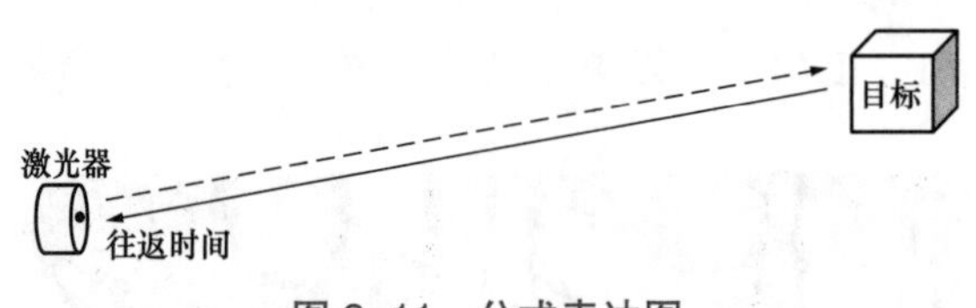

图 3–11　公式表达图

3.2.2　建模方法

3.2.2.1　建模装备及参数

地基激光雷达扫描技术在采集数据时需要采用专业的激光发射 / 接收装备，配置建议见表 3–3。

表 3–3　建模装备及参数建议表

激光发射器	技术参数
波长	1553.5nm
脉冲持续时间	约 4ns
重复率	约 125MHz
光功率	最大 800mW
光束发散	通常为 0.3mrad（0.024°）（1/e）
出口时的光束直径	通常为 2.12mm（1/e）

3.2.2.2　建模方法及步骤

地基激光雷达扫描技术可以对所有等级的变电站进行数据采集，在采集过程中应注意相关的步骤要求，避免造成数据丢失。采集完的数据导出后传入相应的解析软件进行解算，构建出点云模型。具体要求及步骤如下：

1. 外业采集

（1）参数设置（见图 3–12），根据使用场景和需求，在三维激光扫描仪控制器软件上进行配置参数。

图 3-12　配置参数

（2）点位预设（见图 3-13），在变电站平面图中按三维激光扫描仪的扫射半径预设扫描的点位，确保能覆盖整个变电站所有区域。在预设扫描点位时，还需要预设绝对经纬度的坐标采集点，以便后期给模型做绝对坐标值使用，建议采用三角形定位法。

图 3-13　点位预设

（3）开展作业，按照预设好的方案对点位逐步进行作业采集（见图 3-14），采集过程中发现有区域采集缺少，可以增加采集点位。

（4）绝对经纬度采集（见图 3-15），在扫描点位采集过程中，当采集点到预设经纬度采集点位时，应将无人机放置在三维激光扫描仪 3～5m 内采集经纬度与高程，建议寻找在地面上有可识别位置的地点，如道路边缘及切割线的交界点，采集完成后做好记录（见图 3-16），一般整个站采集三个绝对经纬度点位，三个点在整个变电站中呈三角形分布。

图 3-14　作业采集

图 3-15　经纬度采集

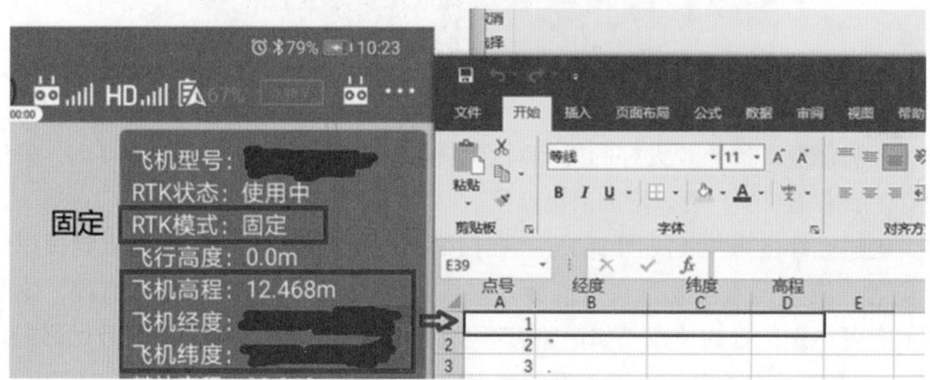

图 3-16　经纬度记录

2. 内业处理

（1）将采集到的数据导入工作站电脑的解析软件中，选择适应模式，设置相关参数。

（2）参数设置完成后，开始 SLAM 处理（见图 3–17），进行解算及建模，其中 110kV 变电站预计需要 1.5h、500kV 变电站预计需要 3h。

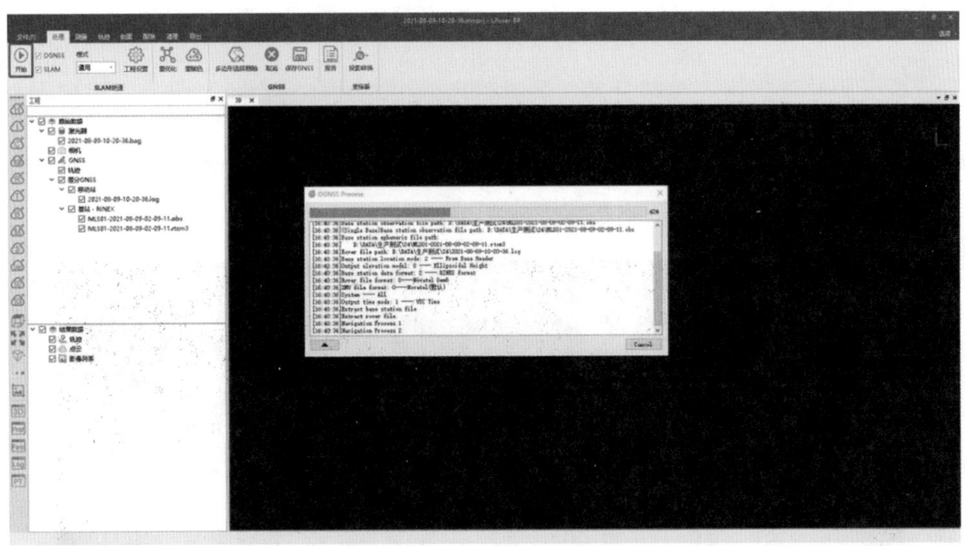

图 3–17　SLAM 处理界面

（3）点云模型构建后，需要对模型进行“去噪”处理，避免过多无用“噪点”影响后期使用模型在航线规划时的安全检验精准度，点云效果如图 3–18 所示。

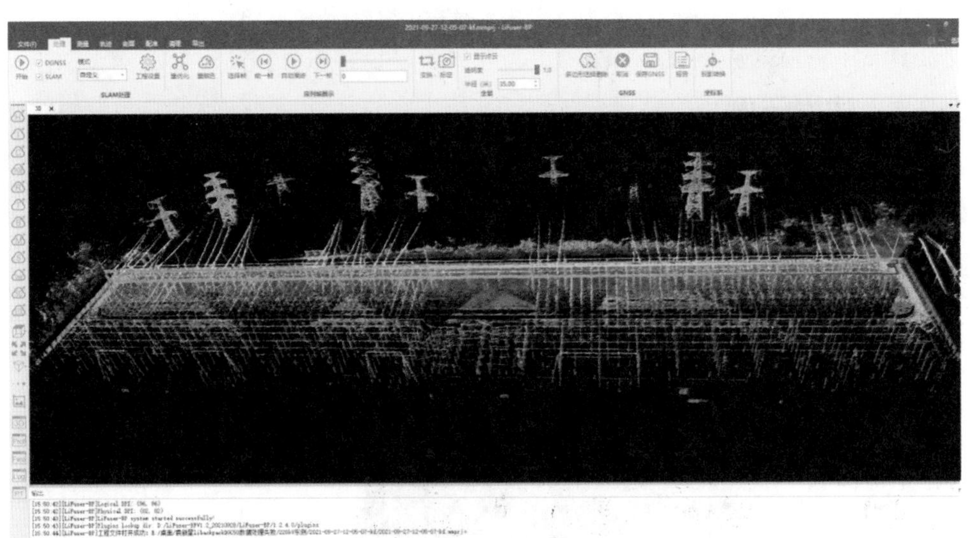

图 3–18　点云效果图

3.2.3 质量要求

无人机智能巡检对激光雷达建模技术构建的模型有着一定的质量要求，如果点云模型的点位分布不平衡会导致后期安全检测失去本该有的功能，所以对模型有以下质量要求：

（1）模型完整度。建模目标区域、设备、设施在模型中应完整、无遗漏、无局部缺损、无重复或冗余。

（2）模型精准度。三维点云模型中地面点云密度不小于 200 点 /m^2，建模误差不大于 ± 5cm。

变电站激光点云渲染后建模效果如图 3-19 所示。

图 3-19　变电站激光点云渲染后建模效果

3.2.4 建模示例

表 3-4 是用激光雷达扫描技术构建出来的变电站设备设施点云模型图片。

表 3-4　　用激光雷达扫描技术构建出来的变电站设备设施点云模型图片

序号	模型名称	模型图片	备注
1	电流互感器模型		互感器模型应完整，形状、大小与实际一致，整体影像没有冗余或偏移部分出现

续表

序号	模型名称	模型图片	备注
2	绝缘子模型		绝缘子模型应完整，形状、大小与实际一致，整体影像没有冗余或偏移部分出现
3	导线类模型	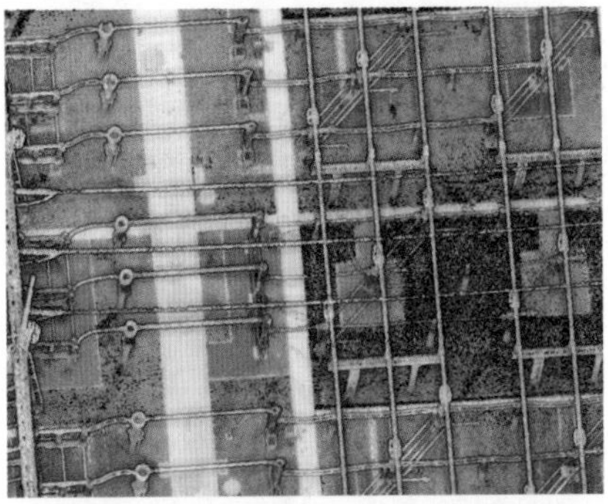	导线模型应能反映实际线路走向，大小与实际一致，整体影像没有冗余或偏移部分出现
4	避雷针模型		避雷针模型应清晰可见，最高部分能正确映射，高度、大小与实际一致，整体影像没有冗余或偏移部分出现
5	端子箱模型		端子箱模型应清晰可见，大小、位置与实际一致，整体影像没有冗余或偏移部分出现

续表

序号	模型名称	模型图片	备注
6	设备基础、房屋、墙体类模型		建（构）筑物模型应清晰可见，大小、位置与实际一致，整体影像没有冗余或偏移部分出现

3.3 BIM 建模技术

BIM 模型是一种正向三维设计产生的模型数据，其中包含了设计变电站从无到有的过程，其模型所提供的数据源可以流转于工程项目的各个阶段，在现在工程建造中广受应用。

3.3.1 建模原理

BIM 的理论基础主要源于制造行业集 CAD、CAM 于一体的计算机集成制造系统（computer integrated manufacturing system，CIMS）理念和基于产品数据管理与标准的产品信息模型。BIM 建模技术能以建筑工程项目的各项相关信息数据作为基础，通过数字信息仿真技术模拟建（构）筑物所具有的真实信息，构建三维建筑模型，成为一个信息平台，将建造过程中的各参与方、各专业的相关信息集成到数字模型中，利用数字模型对项目的设计、施工和运营过程进行模拟。

当下，有部分变电站智能巡检使用的电子模型，便是运用 BIM 建模技术构建。通过 BIM 建模技术构建的模型，可以运用三维图形数据化工具，模拟出变电站所有部件真实的几何信息，实现变电站地形地貌及设备设施可视化。

3.3.2 建模方法

3.3.2.1 建模装备及参数

BIM 建模软件对计算机有着一定的硬件要求，依据 BIM 建模软件所需要用到的装备及参数建议见表 3-5。

表 3-5　建模装备及参数建议表

电脑配置参数	
操作系统	Windows7（64 位）/Windows10（64 位）
CPU（中央处理器）	Intel（4 核或以上）/AMD（4 核或以上）
内存	8G 或以上（建议直接配置 32G）
显卡	NVIDIA/AMD
显示器	双显示器（1920×1080 或以上分辨率）
使用软件参考	
Autodesk Revit	单纯民用建筑（多专业）设计
Bentley	工业或市政基础设施设计
ArchiCAD、Revit 或 Bentley	建筑师事务所
Digital Project 或 CATIA	设计项目严重异形、购置预算又比较充裕的

3.3.2.2　建模方法及步骤

建模前先进行现场数据整合，将所需要的图纸及数据集中到一块进行梳理与分析，数据全部整合后，再等比例制作组族库，将所需要用到的模块创建好之后，在软件中把场地按比例生成后开始搭建模型，变电站 BIM 建模流程参考图如图 3-20 所示。

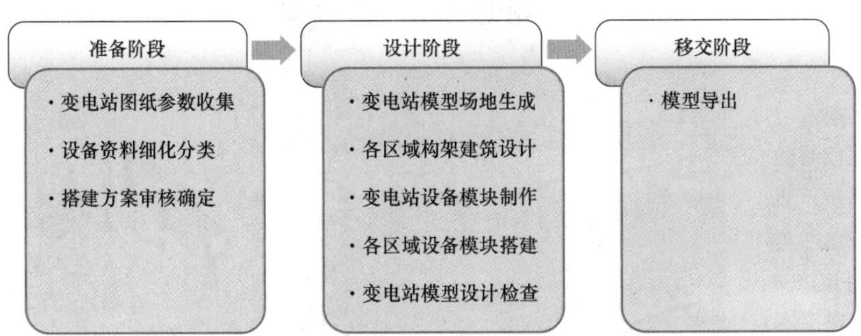

图 3-20　变电站 BIM 建模流程参考图

3.3.3　质量要求

BIM 是带有信息的模型，是数字化建筑的一部分，它的建筑信息不仅可以包含建（构）筑物的几何信息、专业属性及状态信息，还可以包含空间、运动行为等非构件对象的状态信息。对于无人机应用方面，其模型质量有以下几点要求：

（1）具备可视化特征，模型能将变电站建（构）筑物、电气设备布局与现实空间信息等比还原呈现。

（2）具备可替换性，模型中的建（构）筑物、构架和电气设备都是独立模块，在后期变电站或设备发生改动时可以进行重组和替换。

（3）具备信息完备性，模型有对建筑、电气设备的参数信息描述，根据模型应用场景不同，还可以具有空间信息、电流导向等状态信息。

3.3.4 建模示例

通过 BIM 建模技术搭建的变电站模型，按设备部件分类见表 3-6。

表 3-6 变电站 BIM 建模示例

序号	模型名称	模型图片	备注
1	主变压器模型		主变压器模型构件应完整、清晰，各侧引线清晰可见，整个模型的空间位置与实际相符
2	表计模型	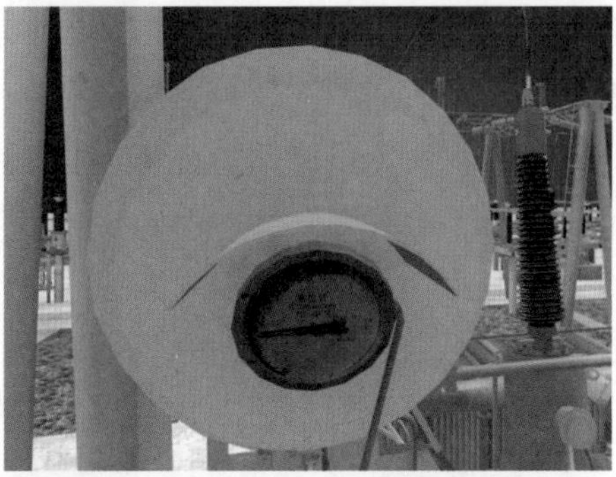	设备的表计部件应完整呈现，各设备的表计模块组装的类型及位置应正确
3	导线模型	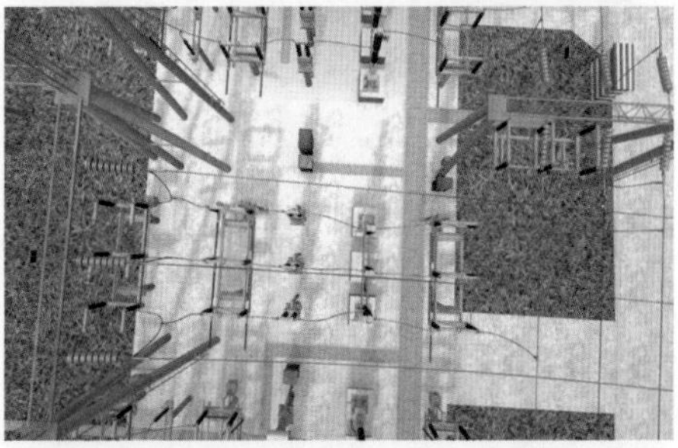	在模型中的导线模型应清晰、完整，能反映实际线路走向，空间位置与实际相符
4	避雷针模型		避雷针模型应完整、清晰，空间高度及位置与实际相符

续表

序号	模型名称	模型图片	备注
5	接线盒模型		设备部件的形状、大小、位置应与实际相符
6	端子箱模型		模型中端子箱构造、双重编号应与实际相符，空间位置、大小与实际一致
7	隔离开关模型		隔离开关模型构造、大小、走向应与实际相符，空间位置应与实际一致
8	设备基础、房屋、墙体类模型		建（构）筑物等基础模型的形状、大小、出入口位置等应与实际相符，空间位置与实际一致

3.4　融合建模

现在变电站的建模技术，使用最多的是倾斜摄影技术与激光雷达扫描技术，这两种技术所构建的模型各有优势，BIM 技术在成型变电站中的简便性与效率性没有前面两者方便，所以下文中不作对比。但是，相对于变电站无人机巡检所需求的模型而言，倾斜摄影技术与激光雷达技术各自构建的模型功能又过于单一，无法满足变电站无人机巡检的多种需求。

正是在无人机巡检需求多样化的背景下，经过不断的探索，现在探索出用技术手段将两个模型结合起来，取其各自优势的模型功能与BIM建模技术的部件模块化功能相结合，构成现有变电站无人机巡检所需要使用的模型，这种建模技术称为融合建模。

3.4.1　建模原理

融合建模是将激光雷达技术构建的点云模型进行技术处理后，通过专业软件将其融入倾斜摄影技术构建的实景模型中，使用专业软件中的工具将点云模型的设备点云图层调整至与实景模型的设备实景图层相融合，并去除多余噪点，使点云模型的空间坐标成为整个模型的基准值，以此提高模型空间坐标精准度。

融合建模构造的模型，可以有清晰可视化的实景贴图，同时具备更加精准的空间坐标，呈现的建（构）筑物与电气设备等模块的空间信息与实际相符，能为无人机的安全检测提供可靠的空间信息。并且融合建模技术还兼具了模块化组合功能，在后期变电站局部改动时，方便人员对模型进行修改重组。图3-21所示为点云与实景模型融合图层不一致图，图3-22所示为点云与实景模型融合图层一致图。

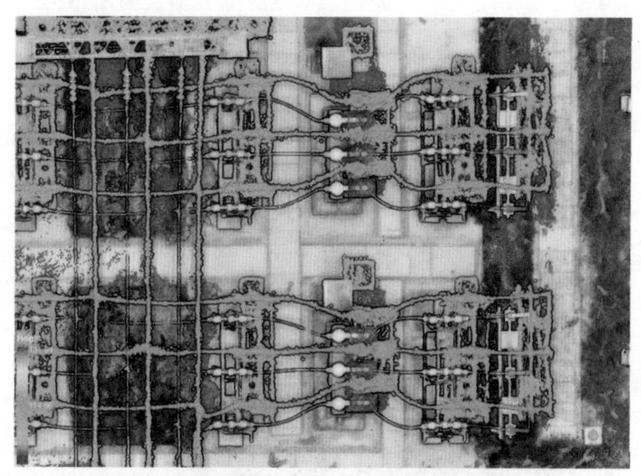

图3-21　点云与实景模型融合图层不一致图

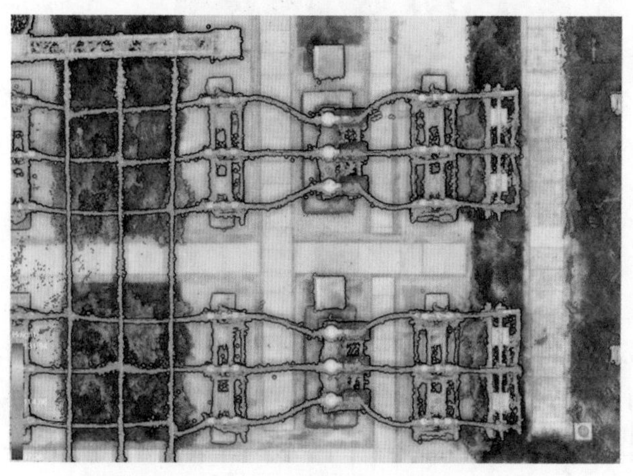

图3-22　点云与实景模型融合图层一致图

3.4.2　建模方法

3.4.2.1　建模装备及参数

融合建模的装备需要同时采用倾斜摄影与激光雷达的设备，配置建议见表 3–7。

表 3–7　　融合建模的装备与参数建议表

装备	参数要求			
测绘无人机	功能	起飞质量（含载荷质量）	飞行时长	抗风性能
	具有 RTK 功能；遥控器支持自动执行功能	不大于 10kg	不低于 25min	不低于 10m/s 风速
测绘摄像头	外设镜头	像素	快门	光圈
	定焦镜头	不小于 2000 万	不低于 1/1000s	—
激光发射器	波长	脉冲持续时间	光功率	光功率
	1553.5 nm	约 4ns	最大 800 mW	最大 800 mW
建模工作站	CPU	内存	硬盘	显卡
	8 核 16 线程或以上，主频 3.8GHz 或以上	128GB 或以上	5T 或以上	基础频率 1.37GHz 或以上，显存 8GB 或以上

3.4.2.2　建模方法及步骤

融合建模两大基本模型的点云模型和实景模型构件方法分别与激光雷达技术建模和倾斜摄影技术建模相同，需要注意的关键步骤是两个模型分别建立后进行融合与融合后的优化检验。融合建模流程如图 3–23 所示，具体步骤如下：

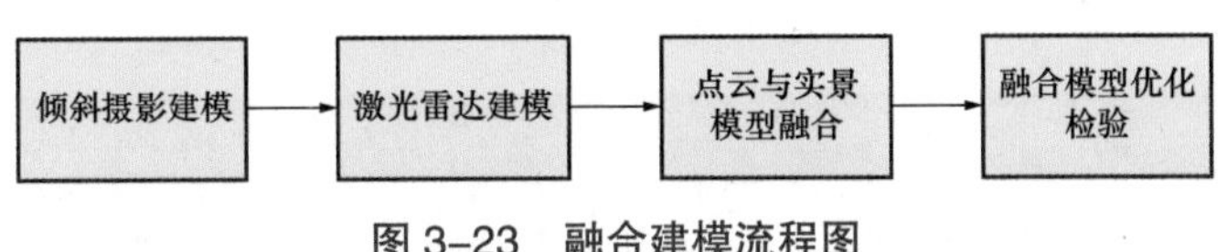

图 3–23　融合建模流程图

（1）使用建模软件将倾斜摄影技术构建的实景模型提取出来。

（2）将已构建好的点云模型导入建模软件中与实景模型融合。

（3）使用建模软件工具将点云模型的设备点云分布点调整至与实景模型设备贴图区域完全重叠。

（4）使用建模软件工具去除模型中的多余噪点，对模型进行优化。

（5）对模型进行检验，确保模型中的建（构）筑物、电气设备、导线引线走向等与实际相符，空间位置与实际位置一致。

3.4.3　质量要求

融合建模构建出来的空间模型可以满足无人机航线规划、无人机飞行监测、变电站实景勘察、后期模型部件更换组合等工作使用，其特点如下：

（1）具有高精度的点云空间模型，在规划软件和模型软件中，可以使用测量工具测量出数据，根据换算公式可以得出实际空间距离（见图 3-24），并且高精度点云模型将所有设备部件及细小物件全部通过点云显现出来，更好地辅助航线规划工作实现厘米级安全距离检测功能，避免后期实际飞行过程中因安全距离不足发生坠机等非正常降落事件。

图 3-24　融合建模安全距离检测功能

（2）具有高还原度的实景空间模型，可以通过模型软件观测到实际的设备间隔分布与地形地貌（见图 3-25），方便航线规划工作时确认拍摄的设备与巡视的区域，结合航线规划系统关联台账功能，可以在为后期审核图片工作和 AI 自动识别缺陷功能提供正确路径，提高图片审核的工作效率。

图 3-25　融合建模设备区域识别功能

（3）具有模型部件可组合性，当变电站实际情况发生改变时，如新增、改建、扩建等工程，可以单独对变化部分重新采集数据，通过模型软件中的工具对模型进行部分部件修改和组合，减少后期模型重塑的工作量，提升模型的准确率。

3.4.4　建模示例

变电站融合建模示例见表 3–8。

表 3–8　　变电站融合建模示例

序号	模型名称	模型图片	备注
1	220kV 断路器模型		断路器模型的实景和点云相重叠，没有冗余与偏移，空间信息与实际相符合
2	表计模型		表计模型的实景和点云相重叠，没有冗余与偏移，空间信息与实际相符合
3	导线模型	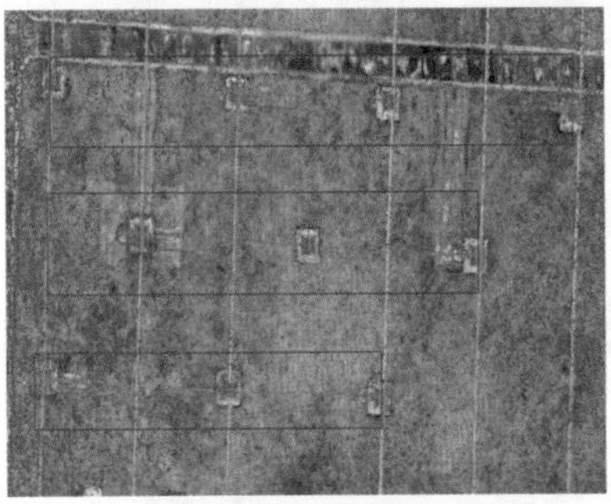	导线模型实景和点云相重叠，能正确映射线路走向，空间信息与实际相符合
4	隔离开关模型		隔离开关模型的实景和点云相重叠，没有冗余与偏移，空间信息与实际相符合

续表

序号	模型名称	模型图片	备注
5	设备部件模型		设备部件模型应能正确映射，空间位置与实际一致
6	端子箱模型		端子箱模型应清晰、完整，双重编号能清晰可见，实际位置及大小与实际一致
7	避雷器模型	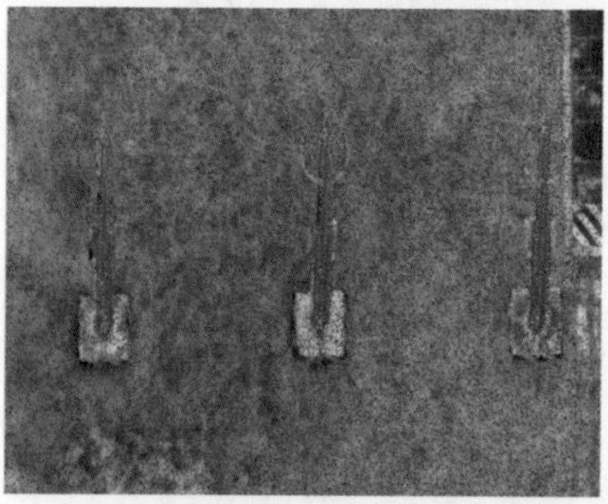	避雷器模型实景和点云相重叠，空间信息与实际相符合
8	设备基础、房屋、墙体类模型		建（构）筑物模型的出入口、大小、形状应能正确映射，空间位置与实际一致

第 4 章

变电站无人机航线规划

变电站无人机航线是指为无人机在变电站开展巡检作业而设计的一条安全、高效的巡检路径。航线的规划通常可采用两种方式，一是现场手控飞行的方式规划，通过飞手现场操作无人机在站内进行采集和记录巡检点位，从而形成变电站的无人机智能巡检航线，此方案适用于站内巡检点位数量较少、航线比较简单的站点，此方式对飞手的操作水平及变电巡检要点的熟悉度要求较高，航线规划效率较低。二是基于激光雷达或倾斜摄影的方式建立变电站高精度（厘米级）三维模型，采用相应的航线规划软件进行模拟规划。此种方法适用于站内巡检点位多、设备环境复杂的航线规划。本章重点对第二种方式进行介绍。

4.1 航线规划方法

变电站无人机智能巡检的航线规划一方面应结合变电站设备巡检点的位置及周边环境来设计，另一方面航点布置及组合过程中应考虑变电站内的电磁环境和设备的安全性。因此，应用于变电站的航线规划应从航点设置、航线设计、安全校验三个方面重点考虑，从而构建无人机巡检航线库，具体流程如图 4-1 所示。

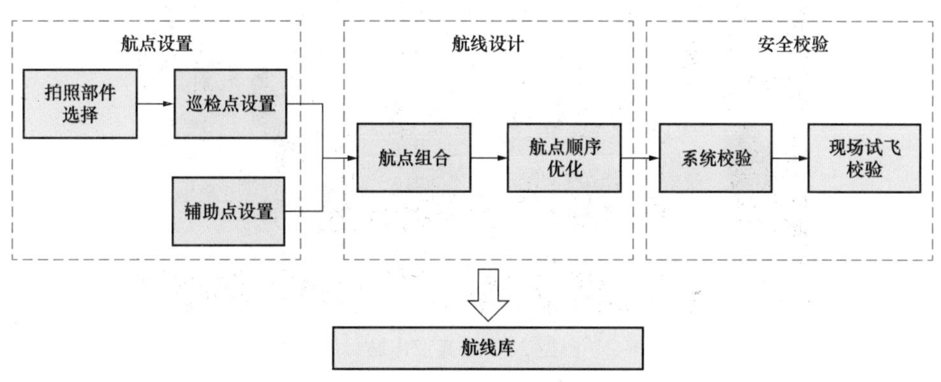

图 4-1　航线规划流程图

航点设置主要是指对巡检点和辅助点参数进行设置，巡检点基于变电站巡检部件的位置及巡检要求，合理地设置偏航角、俯仰角、距离等参数，使得无人机在此位置满足安全要求及拍照图片满足巡视要求；辅助点是为保证巡检航点连接的安全性而设置的，辅助航点的设置应在保证无人机飞行安全的条件下，合理减少航点数量，增加有效作业时间。同时辅助航点应合理设置，避免航线执行时无人机大角度斜飞。

航线设计是综合考虑安全性与路径距离，将巡检点与辅助点按照一定的顺序连接起来。单架次巡检航线包含的巡检航点及辅助航点不宜过多，航线执行完毕时，无人机电池电量宜不低于20%。

安全校验是指对规划的航线与周边的设备进行距离计算校验，此过程一般可通过软件自动计算，称之为系统校验。此外还需经人工对航线路径是否飞过电磁干扰较强的变压器、电抗器、电容器、母线等设备上方进行校核，称为现场试飞校验。经安全校验合格的航线可存入航线库，用于无人机开展变电站巡检作业。

4.1.1 子母航线规划方法

“子母航线”规划方法是指将变电站内的航线分为子航线和母航线的规划方式，其中母航线可形象地表示为高速公路，一般沿站内通道设计，主要用于对各子航线的联通作用。无人机可通过母航线快速到达变电站内的各个巡视区域。通常，母航线上的航点除了主航点外，可根据需要设置机库位置，紧急降落点、备用起降点等应对特殊工况的航点，便于无人机在执行巡视任务过程中遇到特殊情况时，有效避免非正常降落事故事件。典型220kV某变电站母航线如图4-2所示。

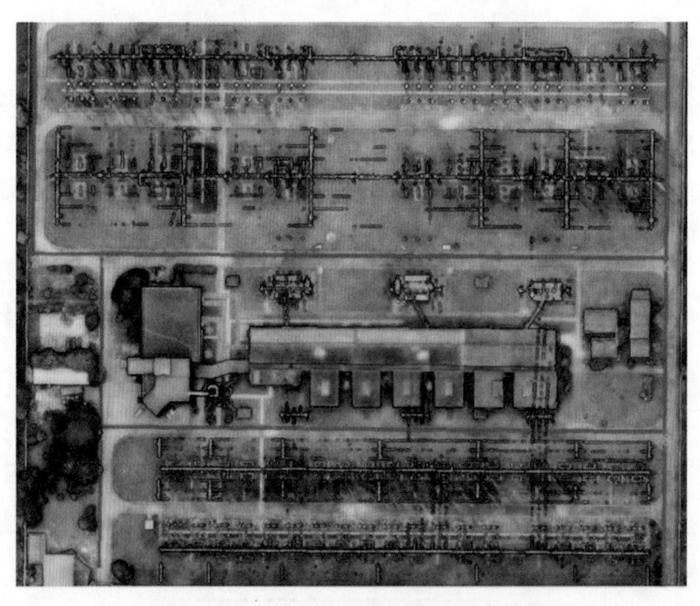

图4-2 典型220kV某变电站母航线图

子航线通常指按间隔规划的变电站设备巡视航线，其特点是航线内通常包括一个间隔内的隔离开关、断路器、电流互感器、电压互感器、避雷器等多种类型设备巡视点，能够完整地覆盖间隔内无人机应巡点位。220kV某变电站典型的某间隔子航线如图4-3所示。

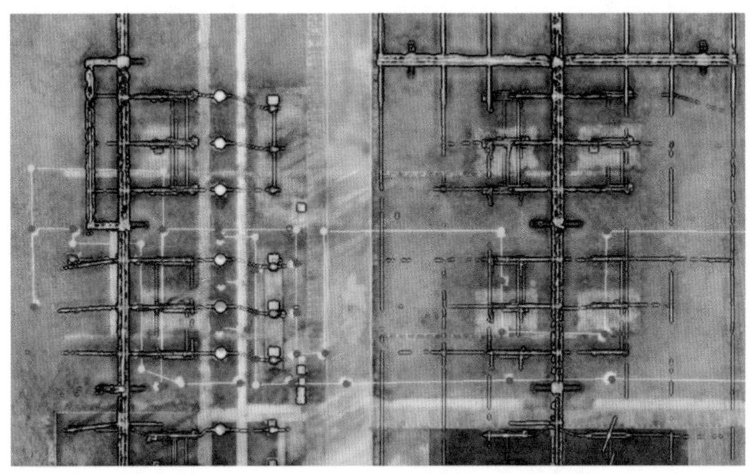

图 4-3　220kV 某变电站典型某间隔子航线

“母航线 + 子航线”的变电站无人机航线规划方法，针对复杂紧凑布置的变电站，创建了安全高效的航线规划技术路线。子母航线规划模式可针对不同管控级别及巡视周期要求的应用场景下，对重点关注设备开展全面巡视，效率较高。通过在各个变电设备间隔内规划无人机巡视子航线，在变电站上方规划母航线作为无人机飞行主航道保障无人机起降安全性并将各子航线进行串联，使不同间隔的航线可分开规划又能自由组合，既保障了无人机作业的安全，又极大地提升了航线设计和调整的灵活性、自由性和高效性。220kV 某变电站典型子母航线如图 4-4 所示。

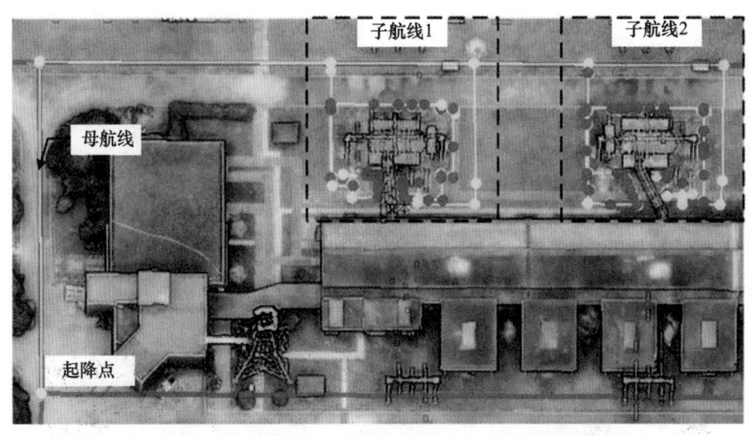

图 4-4　220kV 某变电站典型子母航线

4.1.2　同纵同横规划方法

同纵同横规划方法采用分区为主，分层、分类为辅的方式。典型变电站设备宜划分为上层、中层、下层进行航线规划，如图 4-5 所示，层与层之间应布设确保连通两层的路径点位。

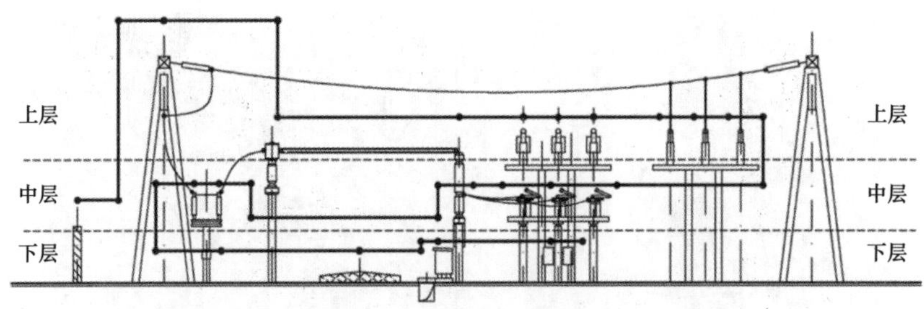

图 4–5 航线规划层级划分

按设备功能划分区域，以主变压器区域为例，分为上层、中层、下层环绕主变压器进行航线规划，如图 4–6 所示。

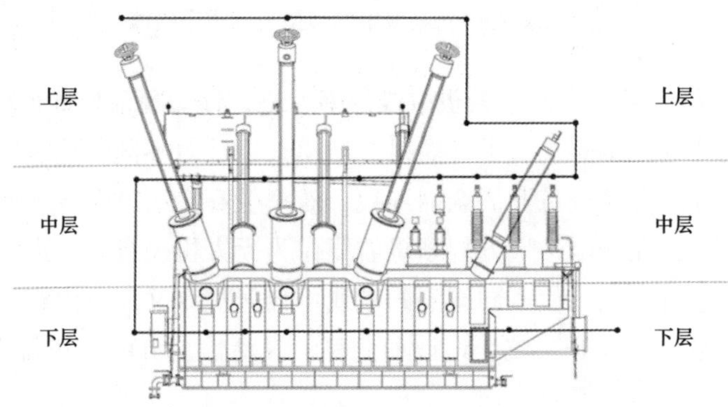

图 4–6 主变压器区域航线规划层级划分典型案例

同纵同横规划相较于子母航线规划可极大地提升无人机的执行效率，通常变电站内一次设备按类别同纵同横排列，同纵同横规划的航线相较于子母航线规划方法大大减少航线数量，可极大提升无人机电池利用率。此外，将同一类型设备的巡检点组合，在开展表计抄录、同类设备测温时能发挥显著优势。同类表计在一条巡检航线便于表计的抄录和同类比对分析，这极大地提高了无人机的巡视效率。同类设备测温点组合为一条航线，便于红外测温数据的同类对比、分析，为变电运维人员提供了诸多便利。同纵同横规划航线如图 4–7 所示。

图 4–7 同纵同横规划航线

4.1.3　适用场景

在变电站航线规划的实际应用中，通常子母航线模式和同纵同横规划模式混合应用，其规划的航线类型可按实际分成单间隔航线、多间隔航线、专用航线。通常单间隔航线采用子母航线规划模式，多间隔航线、专用航线采用同纵同横的航线规划模式。

单间隔航线、多间隔航线、专用航线因其各自独特的特点，广泛存在于变电站无人机巡视航线库中。各种规划方式针对不同的巡检场景，扬长避短，可满足变电站各场景及类型的巡视作业。不同航线特点及适用场景见表 4–1。

表 4–1　不同航线特点及适用场景

航线类型	特点	规划模式	适用场景
单间隔航线	可按巡视计划随意组合，灵活性强	子母航线规划模式	（1）有Ⅰ级、Ⅱ级、Ⅲ级设备的变电站，可以按设备间隔选择航线。 （2）设备间隔较少的变电站。 （3）占地面积较小的变电站
多间隔航线	无人机起降次数减少，巡视效率较高	同纵同横航线规划模式	（1）Ⅳ级设备的变电站，提高日常巡视效率。 （2）设备间隔多的变电站。 （3）设备间隔远、占地面积较大的变电站
专用航线	（1）可结合维护规划，减轻现场工作。 （2）同一类设备专用规划，减少间隔航线的复杂性	同纵同横航线规划模式	（1）表计可拍摄度高的变电站。 （2）设备较为复杂、密集的变电站

变电站智能巡检按照用途通常可分为日常巡视、表计巡视和特殊巡视，日常巡视主要对站内的设备进行外观巡检、设备红外测温发热缺陷巡检及其附属设施外观巡检，表计巡检对站内注油注气设备的表计巡检，特殊巡视重点观察周边环境、围墙、护坡等站内设施。根据其不同的用途及巡视重点，其规范设置建议见表 4–2。

表 4–2　航线用途及选用类型

航线用途	巡视重点	航线类型
日常巡视	可见光外观	单间隔航线 / 多间隔航线
	红外	多间隔航线
	附属设施	专用航线
表计巡视	表计	专用航线
特殊巡视	周边环境及站内设施	专用航线

设备巡检航线宜按间隔分区规划，设施巡检宜单独设置巡检航线。单架次巡检航线包含的巡检航点及辅助航点不宜过多，航线执行完毕时，无人机电池电量宜不低于 20%。

4.2 航线质量要求

航线质量直接影响变电站设备、设施的巡视效果，为全面了解变电站设备的运行情况和变化情况，及时发现设备的异常情况，确保变电站设备的持续安全运行，航线设计时应从作业安全、作业效率、巡检质量三个方面评价。

4.2.1 作业安全

变电站无人机巡视是在复杂的空间环境中进行的，因此航点及航线的选择必须充分考虑安全因素。在确定航点时，需要避开电力设备、构架、建（构）筑物和输电线路等潜在的危险源，在规划航线时，应注意航点路径的设备设施及电场、磁场的干扰，确保无人机的飞行安全。此外，对于布置多个简易机库的站点，航点的选择也应避免与其他无人机的飞行轨迹冲突，确保空中交通安全。

航点安全性主要考虑两个方面：一是确保无人机与设备之间有足够的安全距离，二是在无人机起飞、降落和执行过程中的应急处置不造成无人机异常事件和设备事故事件。为次，航线规划过程中应从以下几方面特别注意。

（1）航线规划前，应勘察现场，确定起降点，第一个航点与最后一个航点的设置与起降点之间应确保无影响安全的设备设施。开展航线规划的变电站应具备完整、高精度空间位置信息的三维模型，精度不低于 ±0.1m。航线规划前应开展模型质量检查，重点检查模型有无缺失、变形，核对航线规划所使用的模型数据应与航线规划的软件平台保持一致的投影坐标系。

（2）规划航线时应充分考虑无人机应急策略，无人机在紧急情况时应原地降落或垂直上升返航，原地降落或垂直上升返航时应确保航线下方或上方无影响安全的设备设施，非条件限制下，航点的最佳位置是拍摄点正上方、正下方均无设备，航点距离以所拍图片达到设备的最大视图为宜。应保证无人机巡检航线不应跨越变压器、10kV 及 35kV 母线桥、电容器、电抗器等带电设备。航点停留的位置，如上方或下方有设备时，应避免在三相设备的相与相中间。航点之间落差超过 2m、斜飞角度超过 30°，应通过增加辅助点实现直上直下和平移，避免长距离和大角度斜飞。针对信号遮挡的建（构）筑物巡检航点，首先应进行信号测试；建（构）筑物巡检航点在建（构）筑物天面高度以下时，宜与建（构）筑物保持足够的安全距离。

（3）可根据作业安全需要，增加辅助航点，确保航线满足安全距离的要求，充分考虑建模偏差、无人机定位偏差及变电站电磁干扰等因素的影响，保留一定的安全裕量。

（4）航线规划后，应通过算法与人工校验相结合的方式开展航线审核。算法校验是基于高精度的地理位置信息的三维点云模型与航线数据，对航点及航点路径与模型的点云进行距离计算，从而辅助规划人员对航线的安全性进行判断。开展人工校核的主要原因是由

于变电站内地线、避雷针顶部等设备较小，三维模型中极易造成此部分的缺失，算法校核无法准确识别仍需人工校验，确保无人机按此航线执行变电站巡检作业时，不撞站内设备、设施。航线规划安全性校验如图 4–8 所示。

图 4–8　航线规划安全性校验

4.2.2　作业效率

因无人机的续航能力有限，需要充分考虑航线航点设计的高效性。航点的设计须能够合理利用无人机的电量，并确保任务能够在电量充足的情况下顺利完成拍摄任务，航点应遵循以下原则：

（1）不设置重复拍摄航点。对于端子箱、机构箱和构架、建（构）筑物等可以从同一航线巡视到位时，不另外设置独立航点拍摄（见图 4–9）。

图 4–9　断路器与 TA 同一巡检点设置

针对设备距离较近，可一同开展巡视的设备，如图 4–9 中的断路器和电流互感器，可对这两个设备设置同一巡检点。

（2）辅助航点的设置应合理，不设置不必要的辅助航点（见图 4–10）。

图 4–10　辅助点不合理设置

（3）航点次序须合理安排，避免频繁升高降低。

（4）航点不迂回，顺序合理。对同一间隔应先拍完的一侧之后再拍另一侧，同一航线拍摄多个间隔时，中间通道拍摄两边设备。航线规划高效性如图 4–11 所示。

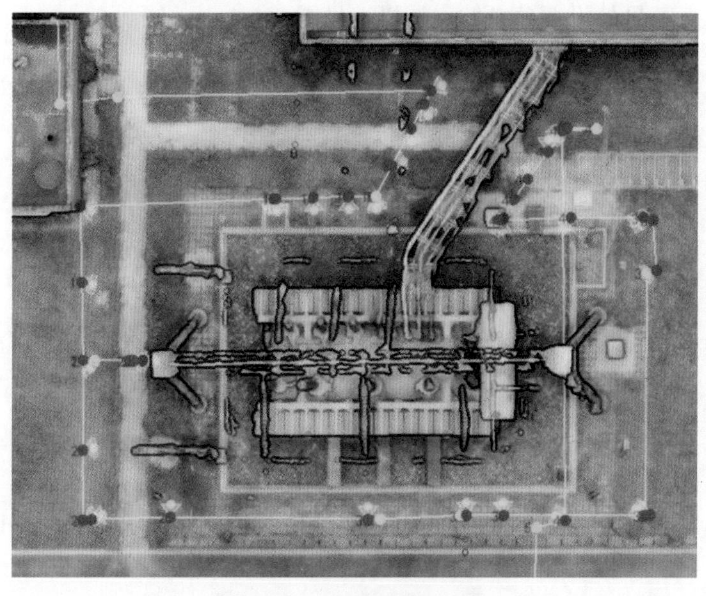

图 4–11　航线规划高效性

4.2.3　巡检质量

4.2.3.1　清晰性

无人机巡检通过拍摄设备记录变电站设备的运行和状态，因此航点的选择应该使得拍摄的图像具有足够的清晰度，考虑到变电站设备的复杂性和细节性，需要确保无人机飞行的高度、角度和距离等参数能够使拍摄的图像清晰可辨，以便后续的图片分析，无人机拍摄越清晰，等于是提高了发现缺陷的能力，在确保安全的前提下，无人机应最大限度地靠近设备进行拍摄设备。为确保拍摄清晰度，应遵循以下原则：

（1）在保证安全距离的前提下靠近设备进行拍摄。拍摄的中心点应设置在拍摄设备主体的中间。

（2）红外镜头与可见光镜头焦距不同，通常在保证可见光图片质量的同时，红外相片就不完整，通过对某型号无人机的巡检结果对比得出，在实现可见光尽量靠近拍摄的情况下，所生成的红外图片三相设备不完整，导致红外巡视缺失；而在实现红外图片三相设备拍摄完整的情况下，拍摄的可见光图片距离远，放大细节对比可见光航点的断路器图片质量低，发现缺陷概率下降。为此，宜根据无人机镜头焦距大小分别规划可见光和红外航点，并分别开展可见光和红外航线设计。可见光红外光航线对比见表 4–3。

表 4–3　　可见光红外光航线对比

图例	可见光图片	红外图片	对比说明
可见光航线图例			左侧是可见光航线的断路器图片，在实现可见光尽量靠近拍摄的情况下，所生成的红外图片三相设备不完整，导致红外巡视缺失
红外航线图例			左侧是红外航线的断路器图片，在实现红外图片三相设备拍摄完整的情况下，所生成的可见光图片距离远，放大细节对比可见光航线断路器图片质量低，发现缺陷概率下降

（3）单独设置红外航线时，航点拍摄的电流致热型设备和电压致热型设备应在满足安全距离的前提下靠近设备拍摄，拍摄以覆盖设备的支持绝缘支柱和接头及重要部件等的构

图最大化原则进行规划。电压致热型设备须前后或者左右拍摄。

4.2.3.2　完整性

变电站的设备种类繁多，包括变压器、断路器、电容器、隔离开关等，每个设备都有其特定的检查要点。因此，在设计航点时，需要确保无人机能够覆盖到每个设备，并保证拍摄设备能够全面、完整地记录设备的运行状态。航点的选择要充分考虑变电站的布局和设备分布情况，合理规划无人机的飞行轨迹，使得拍摄设备能够全面覆盖目标设备，确保应巡尽巡，具体内容如下：

（1）设备外观巡检航点：应覆盖变压器、电流互感器、电压互感器、避雷器、断路器、隔离开关、接地开关、母线、电容器、电抗器、穿墙套管、避雷针与避雷线等设备的日常巡检点位。

1）变压器外观巡检航点的规划要求：

a. 宜在变压器外侧上方及周围设置巡检航点，巡检内容宜包括变压器顶部及周围的所有部件、主变压器基础、地面、消防喷淋装置等。

b. 宜在中性点设备上方周围及下方机构箱分别设置巡检航点，上方巡检点巡检内容宜包括放电间隙、零序 TA、避雷器、中性点接地开关、隔直装置隔离开关等，下方巡检点巡检内容宜包括机构箱整体。

c. 宜在变压器低压侧母排热缩套、绝缘子、避雷器及穿墙套管等部件的侧方分别设置巡检航点，母排较长时可分段规划航点。

d. 宜在冷控箱和端子箱的斜上方分别设置巡检航点，巡检内容宜包括箱门、接地情况等。

e. 宜在中性点隔直装置的周围分别设置巡检航点，巡检内容宜包括完整外观。

220kV 某变电站主变压器日常外观巡检航线如图 4-12 所示。

图 4-12　220kV 某变电站主变压器日常外观巡检航线

2）电流互感器、电压互感器、避雷器、断路器、隔离开关、接地开关的外观巡检航点宜设置在间隔的两侧，巡检航点的视场角宜包括整体外观及其附属箱柜体，无法覆盖时宜

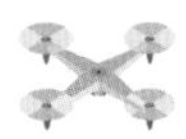

分层规划。220kV 某变电站某间隔部分设备日常外观巡检航线如图 4–13 所示。

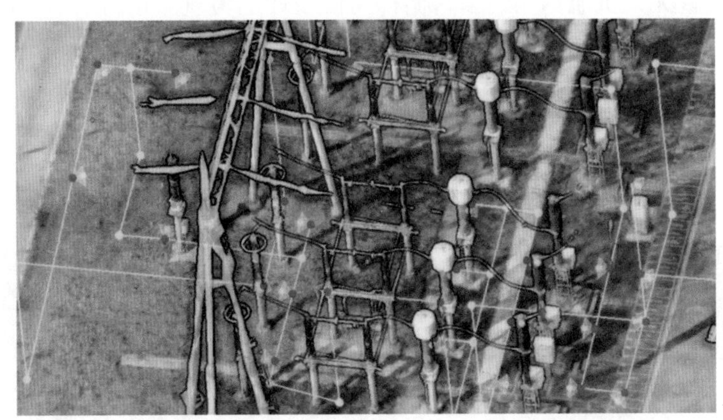

图 4–13　220kV 某变电站某间隔部分设备日常外观巡检航线

3）电容器组、串联电抗器组外观巡检航点宜设置在设备外侧上方，巡检内容宜包括设备的整体外观。

4）避雷针外观巡检航点宜分层规划，巡检内容宜包括本体、接地装置、与地网连接处、连接螺栓等。

5）悬挂绝缘子串外观巡检航点宜设置在上方，巡检内容宜包括整体外观及连接处，无法覆盖时宜分段规划。

6）母线外观巡检航点宜设置在母线外侧上方，巡检内容宜包括整体外观及连接处，无法覆盖时宜分段规划，母线有独立接地开关，应设置独立巡检航点。

（2）设施外观巡检航点：应包括站内的建（构）筑物及站外护坡、围墙等设施。其规划要求如下。

1）设施巡检航点宜覆盖建（构）筑物、安健环设施、消防设施、安防设施、护坡、挡土墙、排水沟、周边隐患点等。

2）建（构）筑物巡检航点宜设置在四周及正上方，巡检内容宜覆盖门窗、墙体、天面、附属设施、围墙、构架、爬梯等。护坡、挡土墙、排水沟、周边隐患点巡检航点宜远距离拍摄，消防设施、安防设施宜近距离拍摄。220kV 某变电站建（构）筑物日常外观巡检航线如图 4–14 所示。

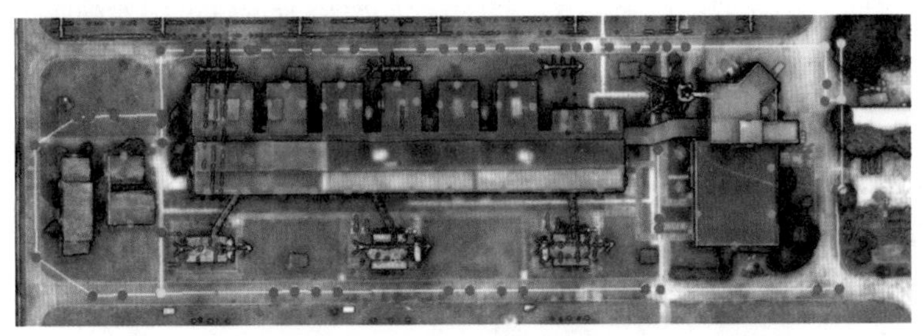

图 4–14　220kV 某变电站建（构）筑物日常外观巡检航线

（3）表计巡检航点：宜覆盖油位表、压力表、避雷器在线监测仪等。其规划要求如下。

1）宜合理设置无人机航向角、云台俯仰角使表计巡检航点正对表盘，确保拍摄的表盘完整、清晰、居中。

2）表计安装位置离地面不足 2m 时，视情况将无人机下降到可清晰拍摄表计位置，拍摄后须立即上升 2m 以上。

220kV 某变电站电流互感器 SF_6 压力表巡检航线如图 4-15 所示。

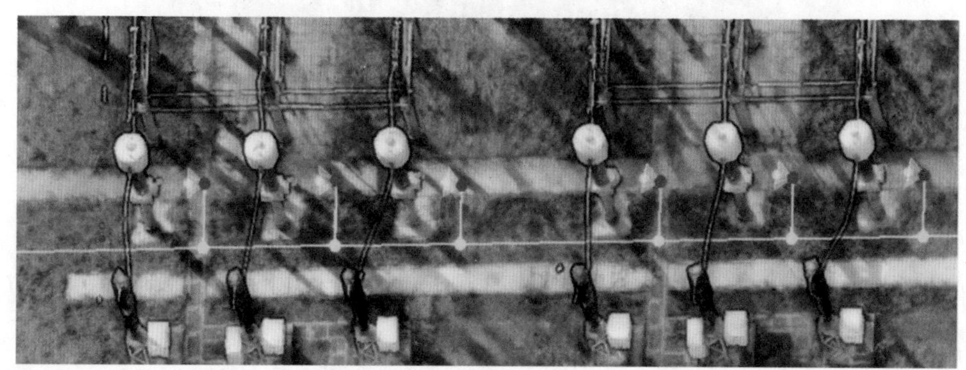

图 4-15　220kV 某变电站电流互感器 SF_6 压力表巡检航线

（4）红外测温航点的设置应覆盖变压器、母线、电流互感器、电压互感器、断路器、金属导线、隔离开关、母线、电容器组、串联电抗器组、避雷器及套管等。其要求如下。

1）变压器红外巡检航点宜设置在设备四周，针对各个电压等级的套管、母排、中性点的设备宜分别设置巡检航点。220kV 某变电站变压器红外测温航线如图 4-16 所示。

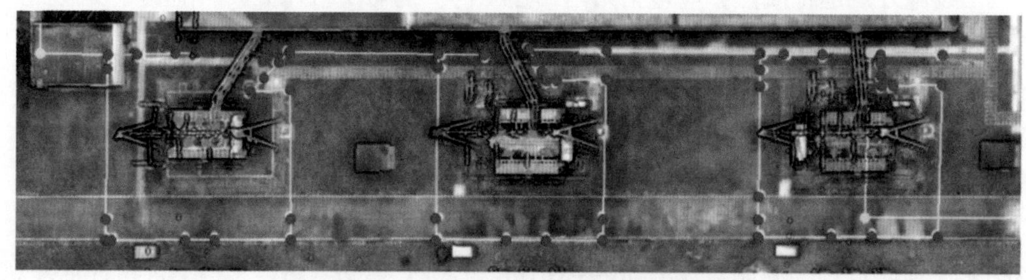

图 4-16　220kV 某变电站变压器红外测温航线

2）电流互感器、断路器、隔离开关、母线红外巡检航点宜设置在间隔的两侧，宜覆盖同一设备的三相，巡检内容包括设备的整体及设备与导线的连接处。电容器组、串联电抗器组红外巡检航点宜设置在设备整体的外侧四周，巡检内容覆盖设备的整体。220kV 某变电站隔离开关红外测温航线如图 4-17 所示。

3）避雷器、电压互感器、套管、悬式绝缘子串红外巡检航点宜设置在间隔两侧，宜覆盖同一相设备的整体，巡检内容包括设备的整体。220kV 某变电站电压互感器红外测温航线如图 4-18 所示。

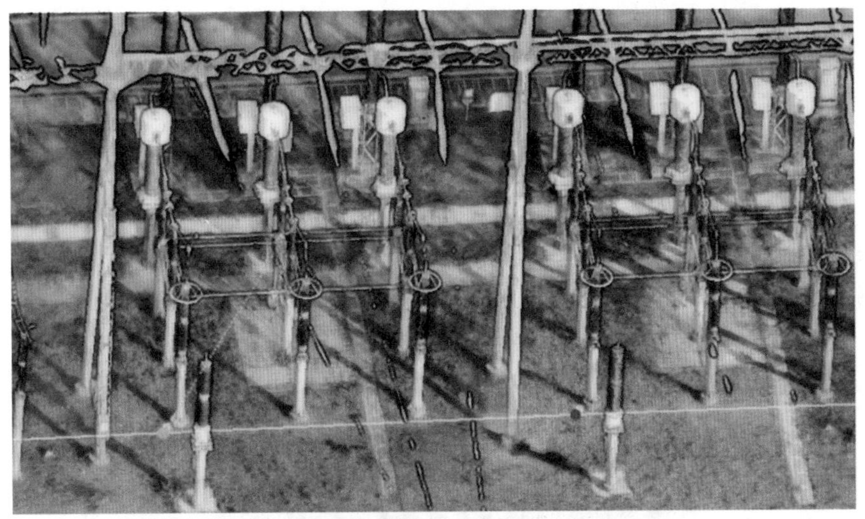

图 4-17　220kV 某变电站隔离开关红外测温航线

图 4-18　220kV 某变电站电压互感器红外测温航线

4）红外拍摄设备接头、设备本体尽量满足三相设备同一角度、同一图片。电流致热型设备按三相进行拍摄，电压致热型设备按现场单相或三相前后或两侧进行拍摄。

巡检航点应在满足安全距离的前提下靠近设备拍摄，拍摄以覆盖设备和构架整体的构图最大化为原则进行规划，正对设备方向设置拍摄航点，注意避开其他设备，做到被拍摄主体不被其他设备遮挡、被拍摄主体三相不重叠。

因安全距离限制，无法实现设备前后两侧全覆盖拍摄时，可以选择在设备的左右两侧进行拍摄，以确保尽可能全面地拍摄设备。对于密集布置的设备，无法一张图片覆盖设备整体时，可以考虑分层拍摄或者采用左右拍摄的方式，以达到更全面、准确的拍摄效果。对于设备重点巡视部件，如表计、油位或重点关注的设备点等进行精拍；或整体照中未能清晰拍摄，则增加航点进行拍摄。

4.3 航线示例

4.3.1 设备航线示例

1. 35~500kV 油浸式电力变压器（含高压电抗器）

电力变压器航线汇总见表 4-4，电力变压器航线细节见表 4-5。

表 4-4　　电力变压器航线汇总

<table>
<tr><td rowspan="4">电力变压器航线示例</td><td colspan="3">220kV 主变压器航线完全俯视图</td></tr>
<tr><td colspan="3">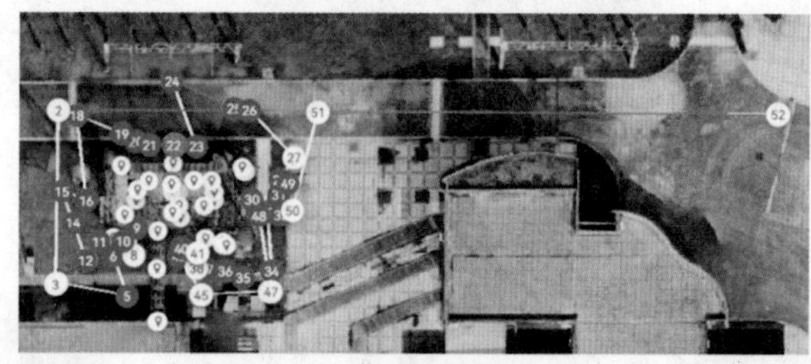</td></tr>
<tr><td>主变压器航线航线整体</td><td>主变压器本体顶部航点拍摄</td><td>主变压器油温表计航点拍摄 3D 视图</td></tr>
<tr><td></td><td></td><td></td></tr>
</table>

表 4-5　　电力变压器航线细节

<table>
<tr><th colspan="2">航点效果示例</th><th>巡视内容</th></tr>
<tr><td>主变压器本体顶部 1
</td><td>主变压器本体顶部 2
</td><td rowspan="2">（1）油位、油渗漏情况。特别检查以下部位的渗漏油情况：本体每个阀门、表计、分接开关及在线滤油装置，法兰连接处及焊缝处。冷却器阀门、散热管、油泵、气体继电器、压力释放阀等处连接部分。套管及套管升高座电流互感器二次接线盒等处。
（2）喷淋装置良好。
（3）压力释放装置密封良好，无渗油。
（4）变压器基础无下沉</td></tr>
<tr><td>主变压器本体顶部 3
</td><td>主变压器本体顶部 4
</td></tr>
</table>

续表

<table>
<tr><th colspan="2">航点效果示例</th><th>巡视内容</th></tr>
<tr><td>主变压器本体正面
</td><td>主变压器本体左侧
</td><td rowspan="2">（1）油位、油渗漏情况。特别检查以下部位的渗漏油情况：本体每个阀门、表计、分接开关及在线滤油装置，法兰连接处及焊缝处。冷却器阀门、散热管、油泵、气体继电器、压力释放阀等处连接部分。套管及套管升高座电流互感器二次接线盒等处。
（2）铁芯、夹件、外壳及中性点接地良好。
（3）变压器基础无下沉。
（4）散热片无积聚大量污尘。同一工况下，各散热片的温度应大致相同</td></tr>
<tr><td>主变压器本体背面
</td><td>主变压器本体右侧
</td></tr>
<tr><td>主变压器变高套管 A 相本体及油位
</td><td>主变压器变高套管 B 相本体及油位
</td><td rowspan="3">套管绝缘子无污秽，无破损、裂纹和放电痕迹。复合绝缘套管伞裙无龟裂老化现象。橡胶伞裙形状能够与瓷伞裙表面吻合良好，表面洁净、光滑，硅伞裙无开裂、搭接口无开胶、伞裙无脱落、黏结位置无爬电等现象</td></tr>
<tr><td>主变压器变高套管 C 相本体及油位
</td><td>主变压器变高套管 N 相本体及油位
</td></tr>
<tr><td>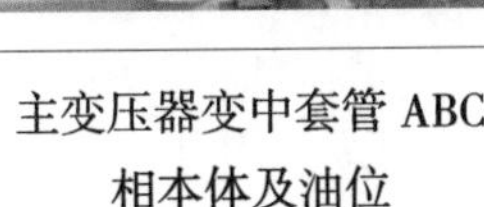
主变压器变中套管 ABC 相本体及油位
</td><td>主变压器变中套管 N 相本体及油位
</td></tr>
</table>

续表

航点效果示例		巡视内容
主变压器储油柜表计（本体）	主变压器储油柜表计（有载调压）	对照油温与油位的标准曲线检查油位指示在正常范围内
主变压器气体继电器	主变压器气体继电器	气体继电器防雨罩完好。气体继电器与集气盒内应无气体，油色无浑浊变黑现象
主变压器变高中性点正面	主变压器变高中性点背面	变压器中性点接地状态正确
主变压器变中中性点正面	主变压器变中中性点背面	
主变压器呼吸器 	主变压器油温表计 	（1）吸湿器中油色无变黑、硅胶变色不超过 2/3，油杯的油位应在正常范围内。 （2）油温、绕组温度在正常范围内。现场温度计指示在正常范围内。 （3）无励磁分接开关应无渗漏油。分接开关挡位指示器清晰、指示正确，机械操作装置应无锈蚀（针对调压机构在变压器下部时进行）。集气装置不应集有气体。

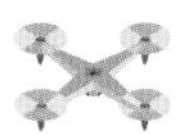

续表

航点效果示例		巡视内容
主变压器有载调压机构箱、风冷控制箱 	主变压器有载调压机构箱 	（4）有载分接开关的分接位置及电源指示应正常，三相挡位相同，且与远方一致
主变压器变低穿墙套管 	主变压器变低母排 	低压母排热缩包裹及接头盒应无缺损、脱落现象
主变压器端子箱 	主变压器油色谱在线监测采样屏 	控制箱和二次端子箱应密封良好
主变压器变高侧引下线绝缘子 	主变压器变中侧引下线绝缘子 	变压器与各侧引线上无异物，引线接头无松动，过热、烧红

2. 35～500kV 电流互感器

35～500kV 电流互感器航线汇总见表 4-6，35～500kV 电流互感器航线细节见表 4-7。

表 4-6　　35～500kV 电流互感器航线汇总

<table>
<tr><td rowspan="2">220kV 线路间隔航线示例</td><td colspan="3">220kV 线路间隔航线完全俯视图
</td></tr>
<tr><td>220kV 线路间隔电流互感器前视图
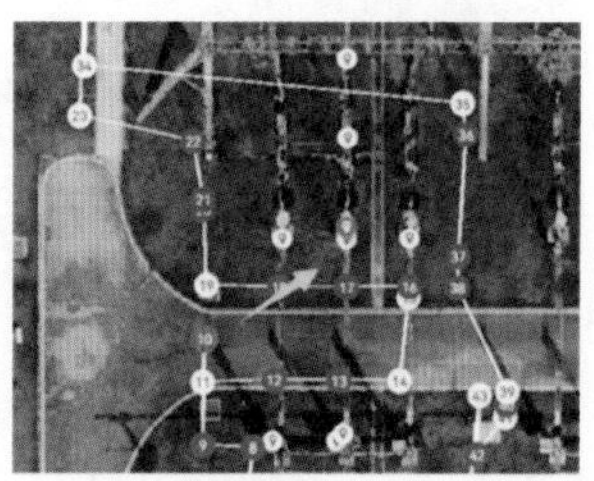</td><td>220kV 线路间隔电流互感器后视图
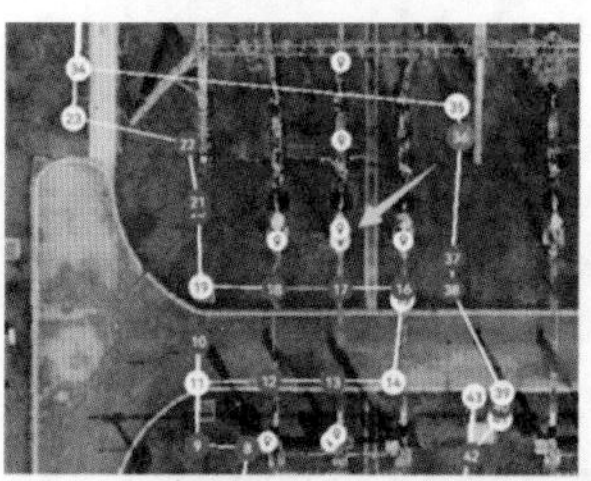</td><td>电流互感器表计拍摄 3D 视图
</td></tr>
</table>

表 4-7　　35～500kV 电流互感器航线细节

<table>
<tr><th colspan="2">航点效果示例</th><th>巡视内容</th></tr>
<tr><td>电流互感器正面
</td><td>电流互感器背面
</td><td rowspan="3">（1）检查设备外观完整无损，各部分连接牢固可靠。
（2）外绝缘表面清洁、无裂纹及放电现象。设备外涂漆层清洁、无大面积掉漆。
（3）瓷套无裂纹、破损和放电痕迹。
（4）检查触点、接头无过热、发红，引线无抛股断股现象，金具应完整。
（5）油浸式互感器无渗、漏油现象，油位、油色应正常。
（6）检查压力表指示在正常规定范围，无漏气现象，密度继电器正常。
（7）分压电容器及电磁单元无渗漏油。
（8）接地应良好。
（9）检查底座构架牢固，无倾斜、变位。
（10）复合绝缘套管表面清洁、完整，无裂纹、放电痕迹、老化迹象，憎水性良好</td></tr>
<tr><td>电流互感器 A 相表计
</td><td>电流互感器 B 相表计
</td></tr>
<tr><td>电流互感器 C 相表计
</td><td>电流互感器整体
</td></tr>
</table>

3. 35～500kV 电压互感器

35～500kV 电压互感器航线汇总见表 4-8，35～500kV 电压互感器航线细节见表 4-9。

表 4-8　　35～500kV 电压互感器航线汇总

<table>
<tr><td rowspan="2">110kV 1M 电压互感器间隔航线示例</td><td colspan="3">110kV 1M 电压互感器间隔航线完全俯视图
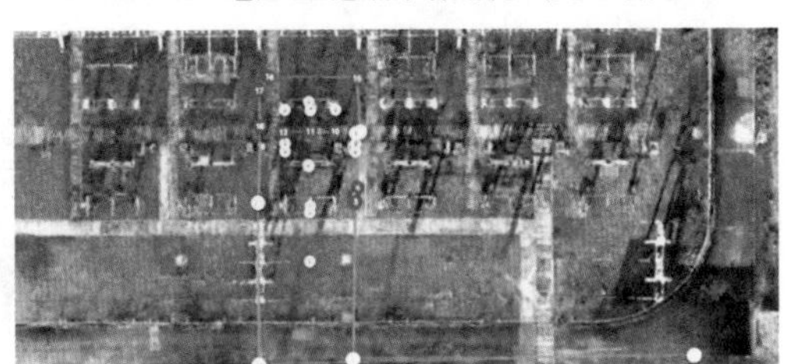</td></tr>
<tr><td>110kV 1M 电压互感器后视图
</td><td>110kV 1M 电压互感器前视图
</td><td>电压互感器表计拍摄 3D 视图
</td></tr>
</table>

表 4-9　　35～500kV 电压互感器航线细节

<table>
<tr><th colspan="2">航点效果示例</th><th>巡视内容</th></tr>
<tr><td>电压互感器正面
</td><td>电压互感器背面
</td><td rowspan="3">（1）检查设备外观完整无损，各部分连接牢固可靠。
（2）外绝缘表面清洁、无裂纹及放电现象。设备外涂漆层清洁、无大面积掉漆。
（3）瓷套无裂纹、破损和放电痕迹。
（4）检查触点、接头无过热、发红，引线无抛股断股现象，金具应完整。
（5）油浸式互感器无渗、漏油现象，油位、油色应正常。
（6）SF_6 式检查压力表指示在正常规定范围，无漏气现象，密度继电器正常。
（7）分压电容器及电磁单元无渗漏油。
（8）接地应良好。
（9）检查底座构架牢固，无倾斜、变位。
（10）复合绝缘套管表面清洁、完整，无裂纹、放电痕迹、老化迹象，憎水性良好</td></tr>
<tr><td>电压互感器 A 相表计
</td><td>电压互感器 B 相表计
</td></tr>
<tr><td>电压互感器 C 相表计
</td><td>电压互感器整体
</td></tr>
</table>

4. 35～500kV 避雷器

35～500kV 避雷器航线汇总见表 4-10，35～500kV 避雷器航线细节见表 4-11。

表 4-10　　35～500kV 避雷器航线汇总

<table>
<tr><td rowspan="2">110kV 1M 电压互感器间隔航线示例</td><td colspan="3">110kV 1M 电压互感器间隔航线完全俯视图
</td></tr>
<tr><td>110kV 1M 避雷器前视图
</td><td>110kV 1M 避雷器后视图
</td><td>避雷器表计拍摄 3D 视图
</td></tr>
</table>

表 4-11　　35～500kV 避雷器航线细节

<table>
<tr><th colspan="2">航点效果示例</th><th>巡视内容</th></tr>
<tr><td>避雷器正面
</td><td>避雷器背面
</td><td rowspan="3">（1）绝缘子应清洁，无裂纹、破损、放电痕迹，复合外绝缘无龟裂。
（2）引线无断股、烧伤痕迹，无松动现象。
（3）接头无松动、过热现象。
（4）接地装置完整，无松动、无锈蚀现象。
（5）均压环无松动、锈蚀、歪斜。
（6）避雷器记录器完好，动作正确，内部无积水。
（7）避雷器铁法兰、底座瓷套无破裂等</td></tr>
<tr><td>避雷器 A 相表计
</td><td>避雷器 B 相表计
</td></tr>
<tr><td>避雷器 C 相表计
</td><td>避雷器整体
</td></tr>
</table>

5. 35～500kV 断路器

35～500kV 断路器航线汇总见表 4-12，35～500kV 断路器航线细节见表 4-13。

表 4-12　　35～500kV 断路器航线汇总

<table>
<tr><td rowspan="4">220kV 线路间隔航线示例</td><td colspan="3">220kV 线路间隔航线完全俯视图</td></tr>
<tr><td colspan="3">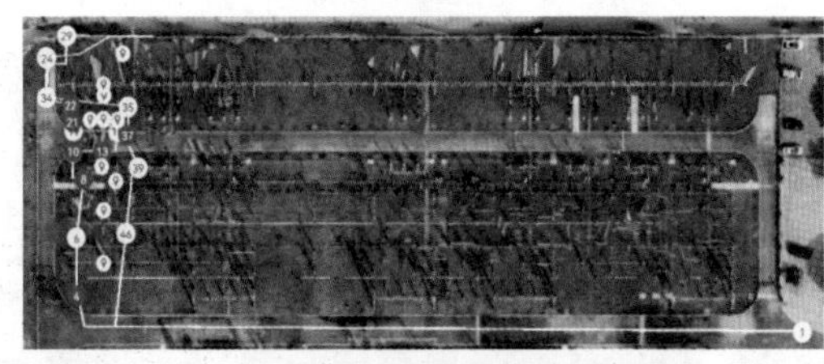</td></tr>
<tr><td>220kV 线路间隔断路器前视图</td><td>220kV 线路间隔断路器后视图</td><td>断路器表计拍摄 3D 视图</td></tr>
<tr><td>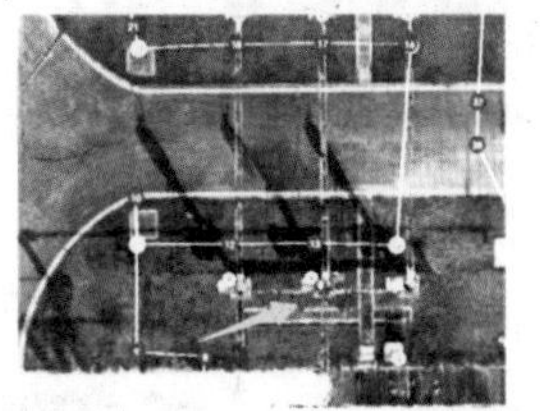</td><td>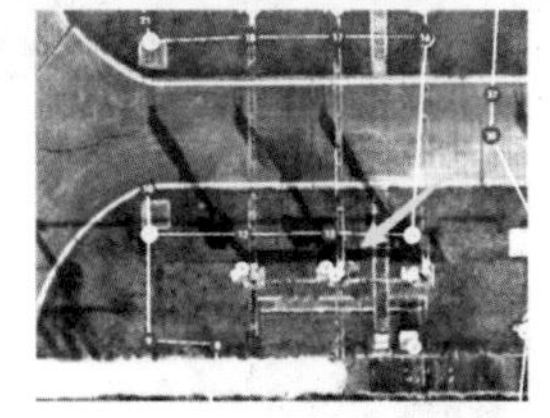</td><td></td></tr>
</table>

表 4-13　　35～500kV 断路器航线细节

<table>
<tr><th colspan="2">航点效果示例</th><th>巡视内容</th></tr>
<tr><td>断路器正面
</td><td>断路器背面
</td><td rowspan="3">（1）检查 SF_6 气体压力、油位在厂家规定正常范围内，无渗（漏）油、漏气现象。
（2）检查断路器液压 / 气动储能指示正常。液压、空压系统各管路接头及阀门应无渗漏现象，各阀门位置、状态正确。
（3）检查接头接触处有无过热和变色发红及氧化现象，引线弛度适中。
（4）瓷套清洁，无损伤、裂纹、放电闪络和严重污垢、锈蚀的现象。
（5）断路器实际分合闸位置指示与机械、电气指示三者一致。
（6）动作计数器读数正常。
（7）断路器基础杆件无下沉、移位，铁件无锈蚀、脱焊，接地装置连接可靠</td></tr>
<tr><td>断路器 A 相表计
</td><td>断路器 B 相表计</td></tr>
<tr><td>断路器 C 相表计
</td><td>断路器整体
</td></tr>
</table>

6. 35～500kV 隔离开关

35～500kV 隔离开关航线汇总见表 4-14，35～500kV 隔离开关航线细节见表 4-15。

表 4-14　　35～500kV 隔离开关航线汇总

<table>
<tr><td rowspan="4">220kV 线路间隔航线示例</td><td colspan="2">220kV 线路航线完全俯视图
</td></tr>
<tr><td>220kV 线路间隔 1M 母线隔离开关前视图
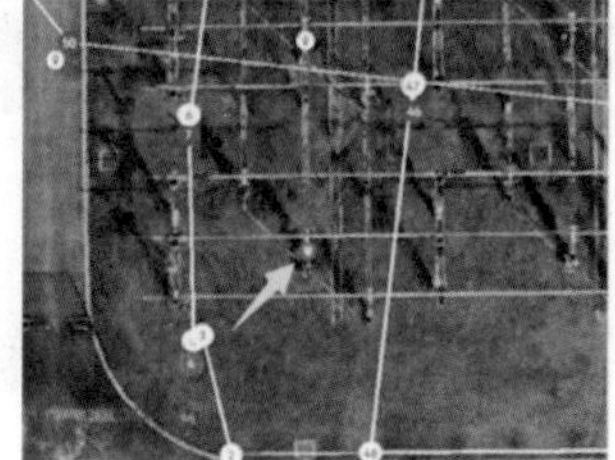</td><td>220kV 线路间隔 1M 母线隔离开关后拍摄 3D 视图
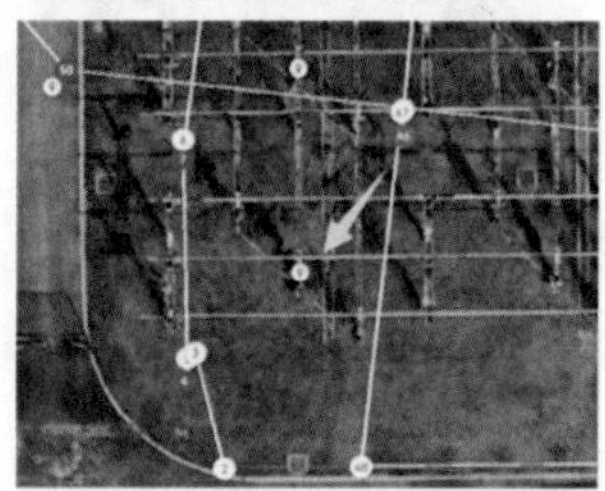</td></tr>
<tr><td>220kV 线路间隔线路母线隔离开关左侧视图
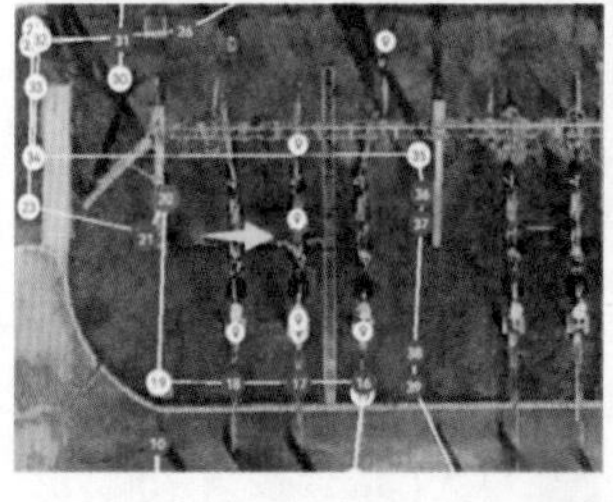</td><td>220kV 线路间隔线路隔离开关右侧拍摄 3D 视图
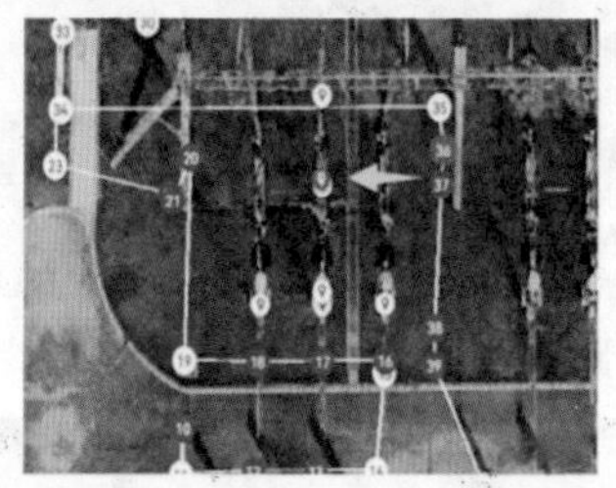</td></tr>
</table>

表 4-15　　35～500kV 隔离开关航线细节

<table>
<tr><th colspan="2">航点效果示例</th><th>巡视内容</th></tr>
<tr><td>剪刀式隔离开关正面
</td><td>剪刀式隔离开关背面
</td><td>（1）绝缘子应清洁，无破损或放电痕迹及麻点。
（2）导电臂无变形、损伤，镀层无脱落；导电软连接带无断裂、损伤。
（3）防雨罩、引弧角、均压环等无锈蚀、裂纹、变形或脱落。</td></tr>
</table>

续表

航点效果示例		巡视内容
旋转式隔离开关左侧 	旋转式隔离开关右侧	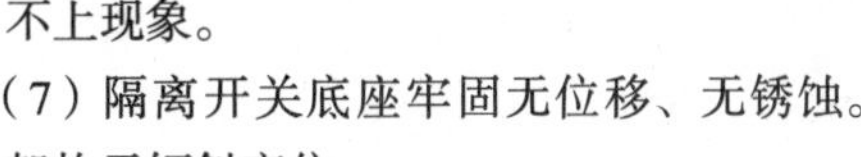（4）各部分接头、触点接触完好，无螺钉断裂松脱，无过热变色现象。 （5）引线无松动、严重摆动或烧伤、断股现象，线夹无裂纹、变形。 （6）闭锁装置完好，机械锁应无锈蚀或锁不上现象。 （7）隔离开关底座牢固无位移、无锈蚀。架构无倾斜变位。 （8）隔离开关传动连接、限位螺钉安装牢固。垂直连杆、水平连杆无弯曲变形，无严重锈蚀现象。 （9）隔离开关的分、合闸位置指示正确。 （10）绝缘子无裂痕，无电晕。 （11）接地良好，附近无杂物。 （12）操作箱、端子箱应密封良好。 （13）机构箱无锈蚀、变形，密封良好

7. 35kV～500kV 独立接地开关

35～500kV 独立接地开关航线汇总见表 4-16，35～500kV 独立接地开关航线细节见表 4-17。

表 4-16　　35～500kV 独立接地开关航线汇总

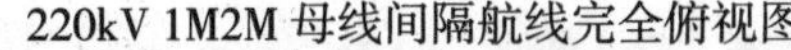

220kV 1M2M 母线间隔航线示例	220kV 1M2M 母线间隔航线完全俯视图	
	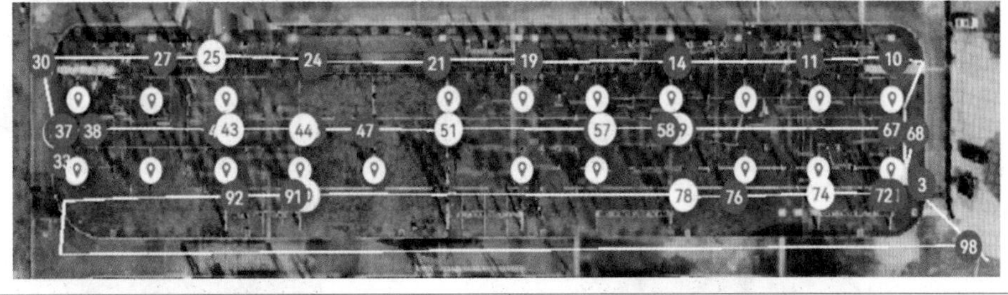	
	220kV 1M 母线接地开关触头	220kV 1M 母线接地开关机构箱拍摄 3D 视图
	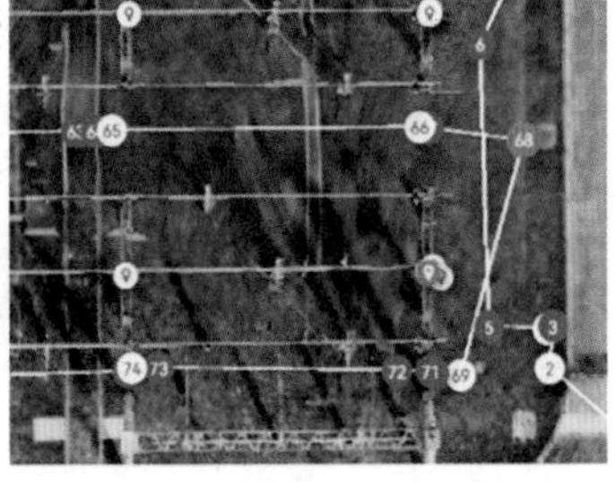	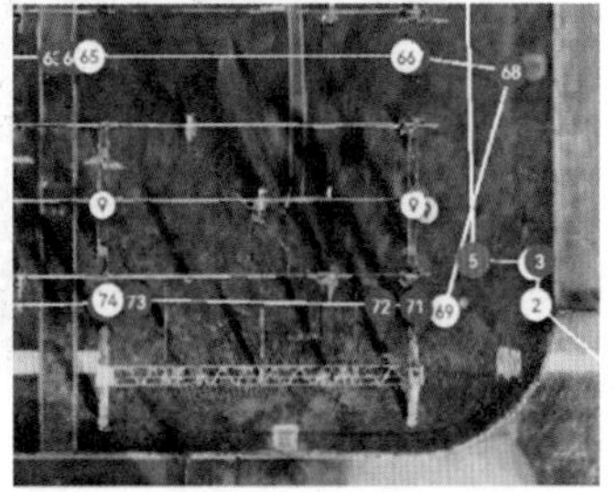

表 4-17　　35kV～500kV 独立接地开关航线细节

<table>
<tr><th colspan="2">航点效果示例</th><th>巡视内容</th></tr>
<tr><td>独立接地开关正面
</td><td>独立接地开关背面
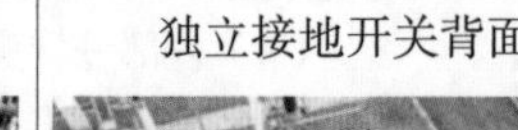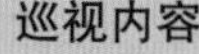</td><td rowspan="2">（1）绝缘子应清洁，无破损或麻点。
（2）触指无变形、锈蚀。
（3）各部分连接完好，无螺钉断裂松脱。接地软铜带无断裂。
（4）闭锁装置完好，接地开关出轴锁销位于锁板缺口内。
（5）架构底座无倾斜变位。
（6）正常运行时接地开关处于分闸位置，分闸时刀头不高于绝缘子最低的伞裙。
（7）接地良好，附近无杂物。
（8）底座牢固无位移、无锈蚀。基础无裂纹、沉降。
（9）传动连接、限位螺钉安装牢固</td></tr>
<tr><td>独立接地开关机构箱
</td><td>独立接地开关整体</td></tr>
</table>

8. 一般母线

一般母线航线汇总见表 4-18，一般母线航线细节见表 4-19。

表 4-18　　一般母线航线汇总

<table>
<tr><td rowspan="2">220kV 1M2M 母线间隔航线示例</td><td colspan="2">220kV 1M2M 母线间隔航线完全俯视图
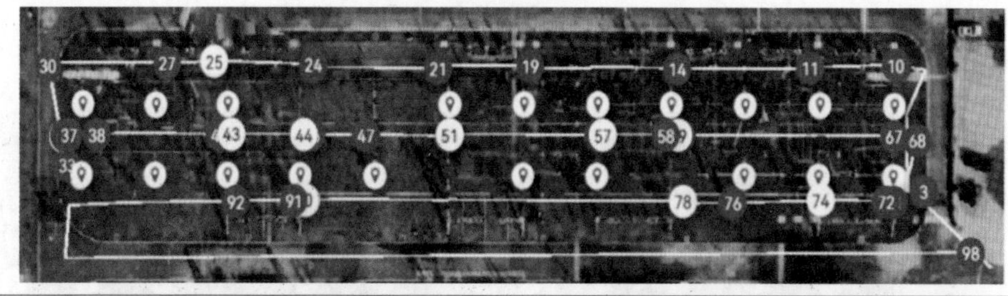</td></tr>
<tr><td>220kV 1M 母线及构架左侧
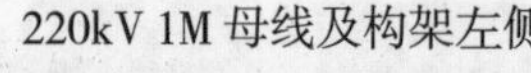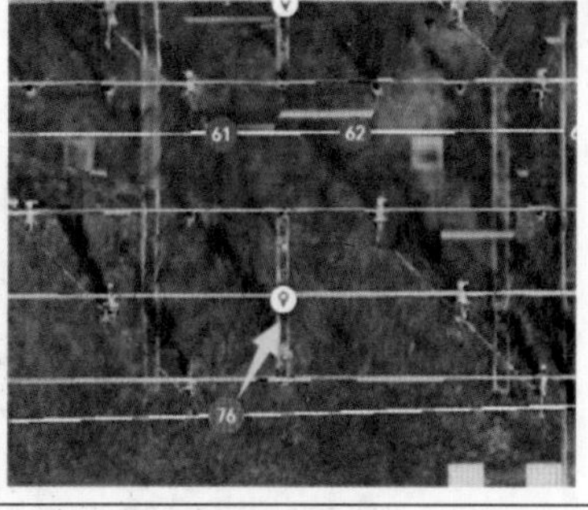</td><td>220kV 1M 母线及构架右侧拍摄 3D 视图
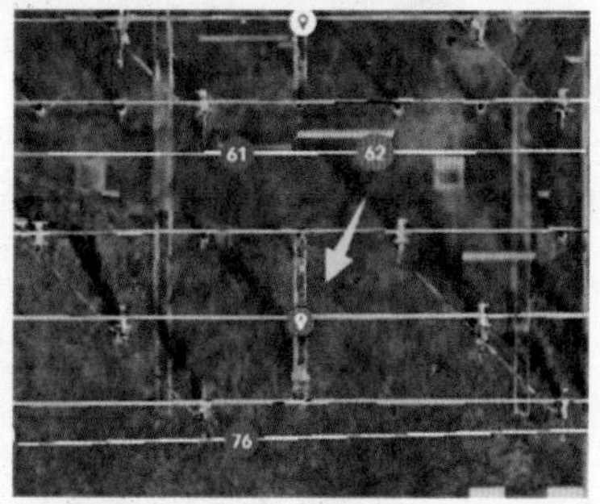</td></tr>
</table>

表 4-19 一般母线航线细节

<table>
<tr><th colspan="2">航点效果示例</th><th>巡视内容 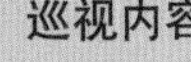</th></tr>
<tr><td>母线左侧
</td><td>母线右侧</td><td>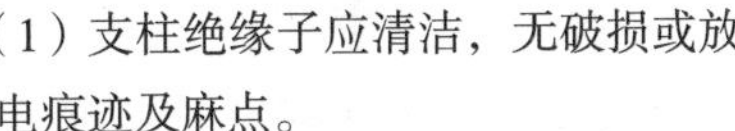（1）支柱绝缘子应清洁，无破损或放电痕迹及麻点。
（2）各部分接头接触完好，无螺钉断裂松脱，无过热变色现象。
（3）引线无松动、严重摆动或烧伤、断股现象。
（4）架构无倾斜变位，基础无下沉。
（5）绝缘子无裂痕，无电晕</td></tr>
</table>

9. 10～66kV 框架式并联电容器组

10～66kV 框架式并联电容器组航线汇总见表 4-20，10～66kV 框架式并联电容器组航线细节见表 4-21。

表 4-20 10～66kV 框架式并联电容器组航线汇总

<table>
<tr><td rowspan="2">35kV 电容器间隔航线示例</td><td colspan="3">220kV 主变压器航线完全俯视图
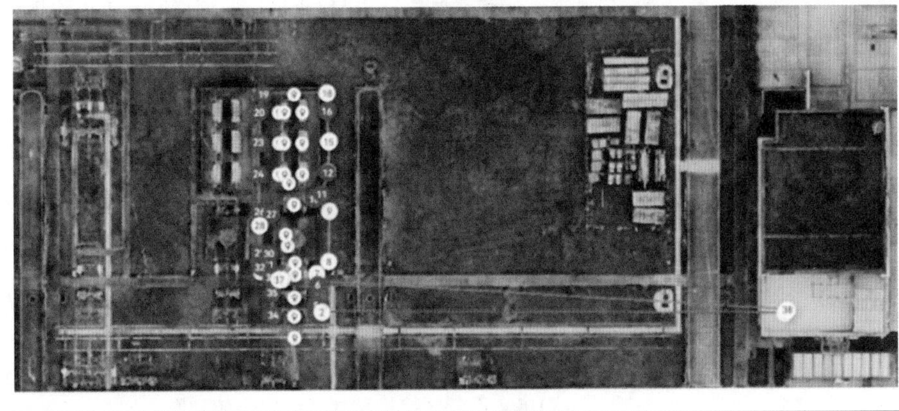</td></tr>
<tr><td>220kV 线路间隔电流互感器前视图
</td><td>220kV 线路间隔电流互感器后视图
</td><td>电流互感器表计拍摄 3D 视图
</td></tr>
</table>

表 4-21　　10～66kV 框架式并联电容器组航线细节

航点效果示例		巡视内容
串联电抗器正面 	串联电抗器背面 	（1）检查框架安装牢固，无变形、锈蚀情况。 （2）检查瓷绝缘无破损裂纹、放电痕迹，表面清洁。 （3）检查连接引线无过紧过松，设备连接处无松动、过热。 （4）检查设备外表涂漆无变色、变形，外壳无鼓肚、膨胀变形，接缝无开裂、渗漏油现象。电容器各接头无发热现象。 （5）串联电抗器附近无磁性杂电容本体异物存在。油漆无脱落、线圈无变形。无放电及焦味。油电抗器应无渗漏油。 （6）检查接地装置、接地引线无严重锈蚀、断股。熔断器、放电回路、避雷器完好。 （7）检查网门关闭严密，防小动物和消防设施完备。检查标识正确齐全
电容器本体 1 	电容器本体 2 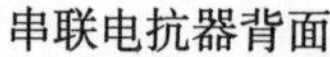	
避雷器及接地装置 	并联电容器组网门 	

10. 接地装置（避雷针、避雷线）

接地装置航线汇总见表 4-22，接地装置航线细节见表 4-23。

表 4-22　　接地装置航线汇总

110kV设备区接地装置航线示例	110kV 设备区接地装置航线完全俯视图 

续表

110kV设备区接地装置航线示例	110kV 设备区避雷针顶部 	110kV 设备区避雷针中部拍摄 3D 视图 
	110kV 设备区避雷针底部 	110kV 设备区避雷线拍摄 3D 视图

表 4-23　　接地装置航线细节

航点效果示例		巡视内容
避雷针整体正面	避雷针上部	(1)避雷针检查： 1)本体无锈蚀、断裂、脱焊，接地良好，安装牢固。 2)避雷针无倾斜现象。 (2)避雷线检查： 1)架空避雷线在出线构架处与地网连接可靠且有便于分开的连接点，检查连接处应无放电痕迹。 2)避雷线无过松过紧、松脱
避雷针中部	避雷针底部	
避雷线	避雷线与构架连接处	

11. 设施外观航线

设施外观航线汇总见表 4-24，设施外观航线细节见表 4-25。

表 4-24　　设施外观航线汇总

<table>
<tr><td rowspan="4">220kV
变电站
设施外
观航线
示例</td><td colspan="2">220kV 变电站设施外观航线完全俯视图
</td></tr>
<tr><td>建（构）筑物外墙及门窗
</td><td>建（构）筑物楼面拍摄 3D 视图
</td></tr>
<tr><td>变电站围墙
</td><td>场地排水拍摄 3D 视图
</td></tr>
</table>

表 4-25　　设施外观航线细节

<table>
<tr><td colspan="2">航点效果示例</td><td>巡视内容</td></tr>
<tr><td>建（构）筑物楼面</td><td>建（构）筑物外墙及门窗
</td><td>（1）检查门窗关好。
（2）外墙面砖无大面积空壳、开裂、脱落。
（3）外墙涂料饰面无大面积开裂、空鼓、起皮和脱落。</td></tr>
</table>

续表

航点效果示例		巡视内容
变电站围墙	楼面及台阶 1 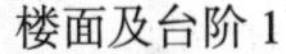 	（4）检查外墙及外墙窗无渗漏现象。 （5）屋面排水通畅，无积水。 （6）防护栏杆稳固，金属构件无锈蚀、脱漆现象。 （7）外露管道无锈蚀、破损、变形。 （8）建筑散水、坡道及台阶无沉陷、开裂
围墙及外露管道 	楼面及台阶 2 	
场地排水 1	场地排水 2	

12. 红外航线

红外航线汇总见表 4–26。

表 4–26　红外航线汇总

220kV 设备区部分红外航线示例	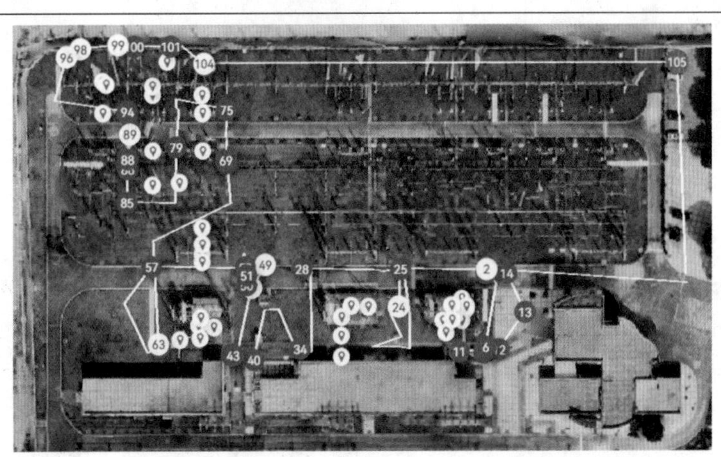

续表

设备红外效果图展示	主变压器散热器红外 1 	主变压器散热器红外 2 	主变压器变高侧引下线红外 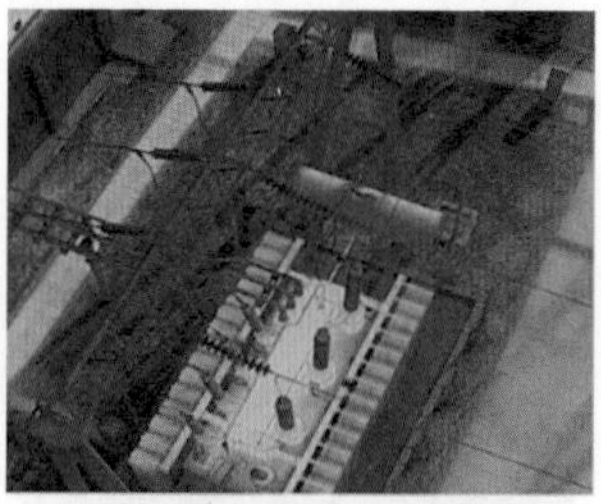
	主变压器变中侧引下线红外 	电流互感器红外 	电压互感器红外正面 
	电压互感器红外背面 	避雷器红外正面 	避雷器红外背面 
	断路器红外 	剪刀式隔离开关红外 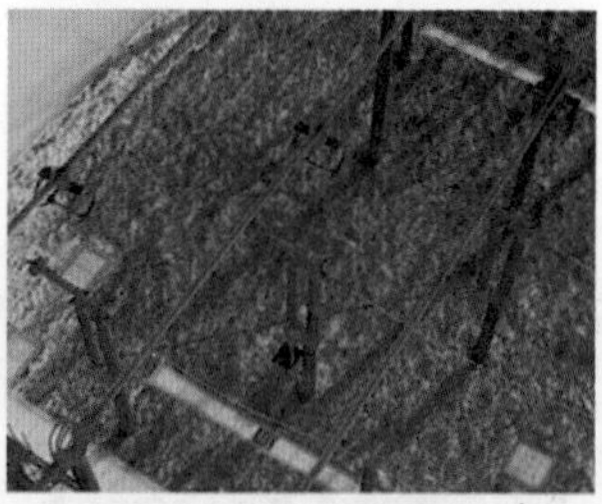	旋转式隔离开关红外 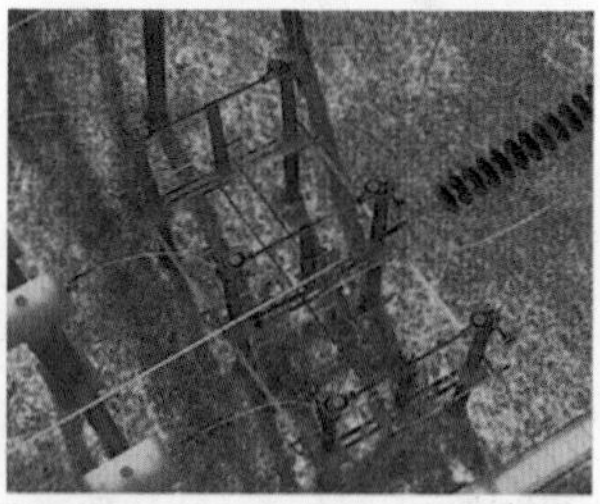
	母线连接部位红外 	母线引下线红外 	串联电抗器红外 

续表

设备红外效果图展示	35kV 电容器整体红外 	35kV 电容器本体红外 	电抗器本体红外 
	主变压器变低母线桥红外 	悬式绝缘子红外 	户外 GIS 出线套管红外 

4.3.2　其他航线示例

1. 专用表计航线

专用表计航线见表 4–27。

表 4–27　专用表计航线示例

500kV 完整串设备表计航线示例	500kV 完整串完全俯视图 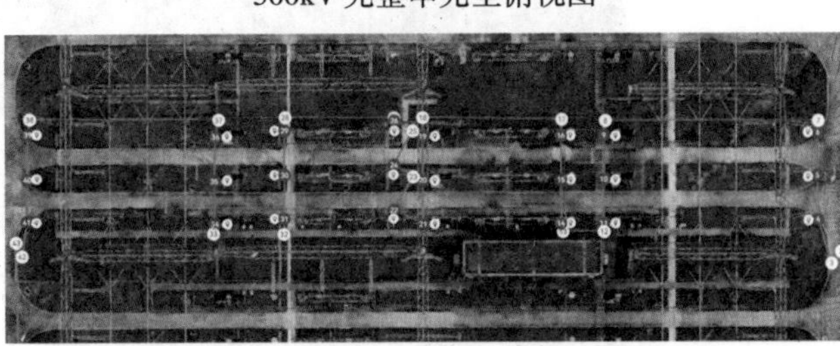
220kV 设备区断路器及电流互感器表计航线示例	220kV 设备区断路器及电流互感器完全俯视图 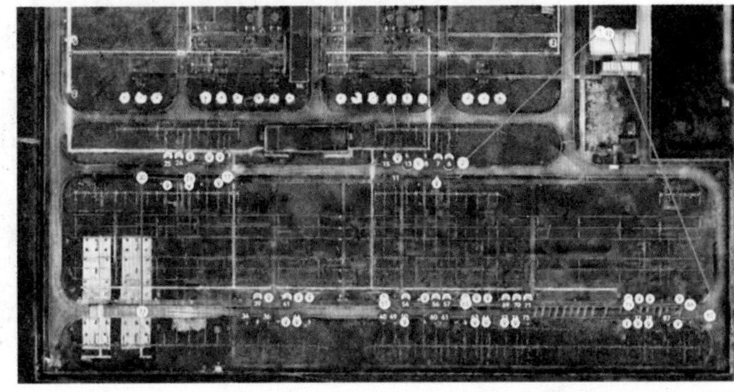

续表

航点展示	500kV 避雷器表计 	500kV 断路器及电流互感器表计拍摄 3D 视图 
	220kV 电流互感器表计 	220kV 断路器表计拍摄 3D 视图 

2. 子母航线

子母航线示例见表 4-28 所示。

表 4-28　子母航线示例

220kV 变电站母航线示例 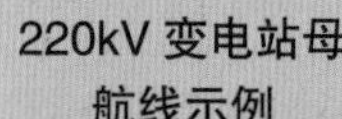	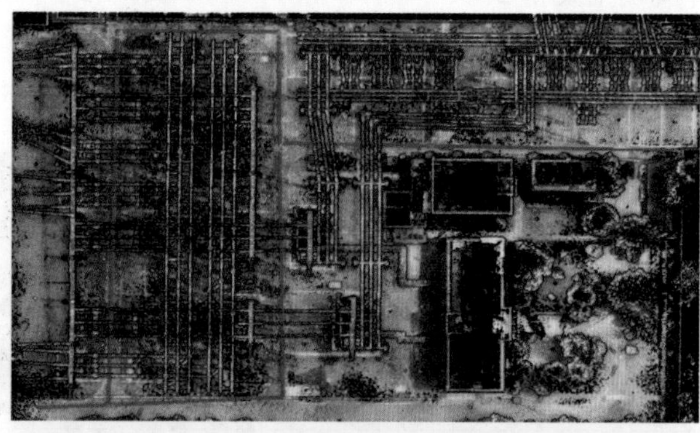
220kV 变电站子母航线结合示例	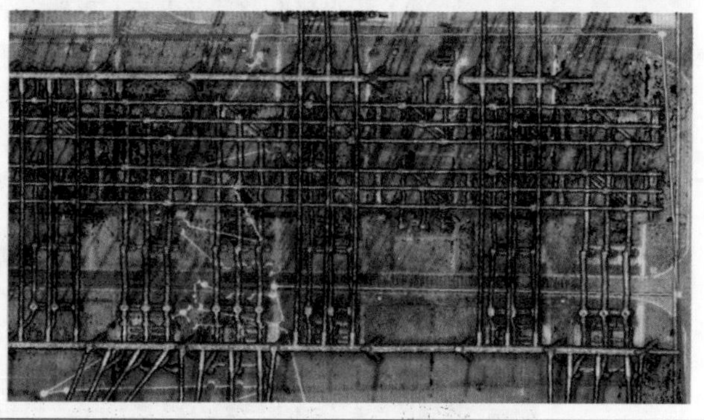

3. 全站航线

全站航线示例见表 4–29。

表 4–29　　全站航线示例

110kV 变电站全站航线示例	

第5章

变电站无人机智能巡检系统建设

5.1 硬件装备

5.1.1 巡检无人机

5.1.1.1 功能要求

变电站巡检无人机针对变电站巡视的特殊场景，应设计如下功能：

（1）状态数据回传。无人机支持经度、纬度、大地高、飞行速度、飞行时长、电池电量、定位状态等信息实时回传。

（2）自动飞行巡检。无人机可根据已规划航线的航点位置和荷载动作进行自动飞行和执行拍摄指令。

（3）自主精准降落。无人机完成巡检任务后，应自动降落至预设降落点，机身几何中心与预设降落点的水平偏差不大于0.5m。

（4）应急安全返航。无人机在定位精度异常、动力电池异常等紧急工况下，能够自动安全返航至预设降落点。

（5）飞行区域限制。无人机检测到航线中存在位于禁飞区的航点时，应向管控系统发出告警信息并拒绝起飞。

（6）低电压报警。无人机在飞行过程中，当动力电池电压（或电量）低于预设告警电压（或电量）时，应向管控系统发出告警信息。

图5-1所示为变电站无人机巡检现场图。

5.1.1.2 性能要求

巡检无人机的性能要求主要体现在本体性能、电磁兼容性能、环境适应性、机械耐受性、任务挂载性能等方面，其具体的要求主要包括：

（1）本体性能应满足以下要求：

1）无人机起飞质量（含挂载任务设备）不大于7kg，轴距宜不大于700mm。

图 5-1　变电站无人机巡检现场图

2）可在标准作业环境下（标准大气压、常温、风速不大于 3m/s）稳定飞行，有效作业时间不小于 25min。

3）具备定点悬停功能，在瞬时风速小于或等于 5 级风（8.0m/s～10.7m/s）的环境下，悬停控制水平偏差小于或等于 0.2m、水平标准差小于或等于 0.35m，垂直偏差小于或等于 0.3m、垂直标准差小于或等于 0.5m。

4）通视环境飞行高度 40m 的条件下，测控数据和影像数据的全向传输距离不小于 4km；测控数据传输时延不大于 20ms，误码率不大于 10^{-6}；影像分辨率不小于 720P，传输时延不大于 300ms。

5）应支持北斗卫星导航定位系统，应具备 RTK 功能，导航定位精度水平偏差小于或等于 0.1m、垂直偏差小于或等于 0.2m。

6）具备精准降落至机库的功能，降落的偏移量小于或等于 0.2m。

7）具备无人机及搭载任务设备的测控数据和巡检影像数据的实时传输功能，全向传输距离应大于或等于 1km。

（2）电磁兼容性能应满足以下要求：无人机应能在其使用运行的电磁环境下正常工作，且不对公共电磁信号及运行环境中的电子设备产生干扰，无人机电磁兼容性应符合表 5-1 的要求。

表 5-1　　无人机的电磁兼容性要求

类型	试验项目	要求
发射	辐射发射	满足 GB/T 38909—2020《民用轻小型无人机系统电磁兼容性要求与试验方法》规定的限值

续表

类型	试验项目	要求
抗扰度	工频磁场抗扰度	试验等级 5 级，性能判据不低于 A 级，满足 GB/T 38909—2020《民用轻小型无人机系统电磁兼容性要求与试验方法》的规定
	脉冲磁场抗扰度试验	试验等级 5 级，性能判据不低于 A 级，满足 GB/T 17626.9—2011《电磁兼容 试验和测量技术 脉冲磁场抗扰度试验》的规定
	射频电磁场辐射抗扰度	试验等级 3 级，性能判据不低于 B 级，满足 GB/T 38909—2020《民用轻小型无人机系统电磁兼容性要求与试验方法》的规定
	静电放电抗扰度	试验等级 4 级，性能判据不低于 A 级，满足 GB/T 38909—2020《民用轻小型无人机系统电磁兼容性要求与试验方法》的规定

（3）环境适应性应满足以下要求：

1）低温环境适应性，无人机宜配置具有保温和加热功能的设备对电池进行预热和保温，保证其在低温状态下正常工作。无人机机身材料宜使用适用于低温环境的密封材料。

2）高温环境适应性，按适用的高温环境温度，无人机应正常工作，且无人机搭载可见光任务设备正常作业时续航时间不应少于 20min。

3）海拔适应性，按适用的最高海拔，变电站无人机巡检系统划分为普通型、高海拔型，适应相应海拔环境的无人机。

4）抗雨飞行性能，无人机在小雨环境条件下（雨强小于或等于 5mm/12h）应稳定飞行，飞行时间不应少于 5min。飞行后，各电气接口不应存在明显短路风险，各项功能应正常。

（4）机械耐受性要求主要包括：

1）无人机在包装状态下，应能承受 GB/T 4857.23—2021《包装　运输包装件基本试验　第 23 部分：垂直随机振动试验方法》附录 A 规定的严酷等级 I 级的模拟运输性能试验，试验时间 60min，试验后储运包装无变形、裂缝和破损等现象，无人机各项功能正常。

2）无人机在包装状态下，应满足 GB/T 2423.7—2018《环境试验　第 2 部分：试验方法 试验 Ec：粗率操作造成的冲击（主要用于设备型样品）》规定的跌落高度在 500mm 下的跌落试验要求，跌落后储运包装无变形、裂缝和破损等现象，无人机各项功能正常。

（5）任务挂载性能应满足以下要求：

1）云台应至少具备水平和俯仰两个方向的转动能力，水平转动范围 −180°～+180°，俯仰转动范围不小于 −90°～+30°。

2）可见光传感器有效像素不低于 1200 万，具备自动对焦功能，拍摄目标轮廓倾斜可辨。

3）热成像传感器有效像素不低于 30 万，具备自动对焦功能，测温范围不小于 −20～+150℃，误差不大于 ±2℃或读数的 ±2%（取绝对值大者），影像采用伪彩显示且

具备热图数据，可实时显示影像中温度最高点位置及温度值。

4）对于可见光任务设备，可见光图像有效像素应大于或等于 1200 万；执行远距离巡检任务的无人机宜具备 5 倍及以上光学变焦功能，且连续可调；应具备自动对焦功能。在距离拍摄目标大于或等于 3m 处拍摄的可见光图像可清晰分辨厘米级部件。可见光视频分辨率像素应大于或等于 1280 × 720。

5）对于红外任务设备，分辨率像素应大于或等于 640 × 480；应具备自动对焦功能；测温范围不应小于 -20～+150℃，测温精度不应低于 ±2℃或测量值乘以 ±2%（取绝对值大者）。

5.1.2　巡检机库

5.1.2.1　功能要求

巡检机库包括换电机库、充电机库和简易机库等类型。

换电机库（见图 5–2）具备全天时视觉引导精准降落能力，结合 RTK 厘米级高精度定位技术，为无人机全天时安全巡检与回收提供安全保障。内嵌多块可更换电池，通过内置的机械臂自动更换电池，实现快速复飞应对高频作业。具有良好的环境适应性，支持无人机自动收纳、充电和储存，内置完善的应急安全机制应对各种异常状况。面向无人值守的重点场站，提供无人机智能巡检、换电、储存的高频次作业解决方案。

图 5–2　换电机库现场图

充电机库（见图 5–3）采用柜式模块化集成设计，具备体积小、重量轻、部署方便等特点，通过无人机远程调度管理系统，实现充电机库任务远程下发，无人机一键启动，自动执行巡检任务。产品具备充电接口、控制电路及远程开关机功能。产品内置恒温空调系统，保障机库内部设备的恒温恒湿条件，保证设备的最优运行状态和寿命。产品内置无人机充电接口，可以实现机库内无人机自动充电，保障无人机全天候不间断巡检作业。

图 5–3　充电机库现场图

简易机库（见图 5–4）主要面向有安保人员值守的变电站，可实现接收系统平台下发的航线信息，无人机自动执行航线任务，结束后回传视频、照片等数据。简易机库无人机换电、开启 / 关闭无人机电源操作由变电站安保人员完成，经济性高、可靠性强、巡检效率高。

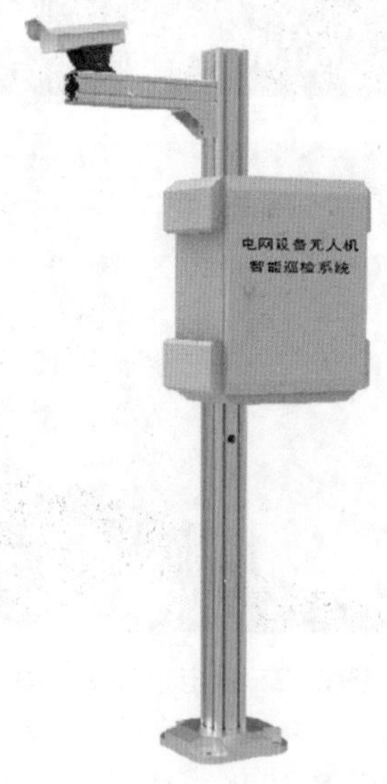

图 5–4　简易机库

5.1.2.2　性能要求

巡检机库的性能要求主要体现在机库外观及结构、电磁兼容、电源要求及可靠性等方面，其具体的要求主要包括：

（1）机库外观及结构应满足以下要求：

1）支持一架无人机的机库闭合状态下尺寸宜不大于（2000mm × 2000mm × 2000mm），支持两架及以上无人机的机库尺寸和重量应符合变电站内场地要求。

2）机库接地配置应满足 GB/T 16895.3《低压电气装置　第 5–54 部分：电气设备的选择和安装　接地配置和保护导体》的相关要求，外露的可导电部分与保护接地端子之间的电阻应小于或等于 0.1Ω。

3）机库外壳表面涂层应无明显锈蚀、龟裂和脱落等缺陷。

4）机库标识清晰，内部电气线路应用醒目的颜色和标志加以区分。

5）所有连接件、紧固件应有防松措施，可拆装部件不应采用胶水、胶带等临时措施安装。

6）具备无人机存储功能的机库外部应具备便于紧急情况操作的急停功能按钮。

（2）机库电磁兼容性应满足以下要求：机库应能在其使用运行的电磁环境下正常工作，且不对公共电磁信号及运行环境中的电子设备产生干扰，机库的电磁兼容性应符合表 5–2 的要求。

表 5–2　机库的电磁兼容性

类型	试验项目	要求	被测试设备
发射	辐射发射	满足 GB/T 38909—2020《民用轻小型无人机系统电磁兼容性要求与试验方法》规定的限值	机库
抗扰度	工频磁场抗扰度	试验等级 5 级，性能判据不低于 A 级，满足 GB/T 38909—2020《民用轻小型无人机系统电磁兼容性要求与试验方法》的规定	机库
	脉冲磁场抗扰度试验	试验等级 5 级，性能判据不低于 A 级，满足 GB/T 17626.9—2011《电磁兼容　试验和测量技术　脉冲磁场抗扰度试验》的规定	机库
	射频电磁场辐射抗扰度	试验等级 3 级，性能判据不低于 B 级，满足 GB/T 38909—2020《民用轻小型无人机系统电磁兼容性要求与试验方法》的规定	机库
	静电放电抗扰度	试验等级 4 级，性能判据不低于 A 级，满足 GB/T 38909—2020《民用轻小型无人机系统电磁兼容性要求与试验方法》的规定	机库
	电快速瞬变脉冲群抗扰度	试验等级 4 级，性能判据不低于 A 级，满足 GB/T 17626.4—2018《电磁兼容　试验和测量技术　电快速瞬变脉冲群抗扰度试验》的规定	机库（电源端口和信号端口）
	浪涌（冲击）抗扰度	试验等级 4 级，性能判据不低于 A 级，满足 GB/T 17626.5—2019《电磁兼容　试验和测量技术　浪涌（冲击）抗扰度试验》的规定	机库（电源端口）

（3）机库电源应满足以下要求：

1）交流电源电压为单相 220V，电压允许偏差 ±10%。

2）交流电源频率为 50Hz，允许偏差 ±5%。

3）交流电源波形为正弦波，谐波含量小于 5%。

（4）机库可靠性要求如下：机库在正常工作状态下连续无故障时间不应少于 30000h，正常维护保养情况下使用寿命不应少于 5 年。

5.1.3 维护保养

5.1.3.1 巡检无人机维护保养

巡检无人机的维护按照维护的内容和周期可分为月度维护和专业维护。

（1）月度维护。一般由站内运行人员开展，维护周期为一个月一次，主要内容为无人机外观检查与实操检查，其具体内容见表 5-3 和表 5-4。

表 5-3　巡检无人机月度外观检查维护项目及要求

设备	维护项目	维护要求
机身	整体外观	无裂痕，机身整体清洁
	锁紧部位	各连接部位连接紧密，无松动
	转动部位	转动应灵活、顺畅、无卡涩，机身各收起部位应能展开到位
	滑动部位	滑动应顺畅，必要时添加专用的润滑剂
云台及机载镜头	镜头	镜头应光亮清洁。 镜头脏污时，使用专用的镜头擦拭纸或擦拭布，使用清洁酒精轻轻擦拭，同时一并清洁镜头盖
螺旋桨	桨叶	桨叶无损伤，应能紧固在螺旋桨电动机上，桨叶如有老化、破损或变形，须立即更换
	电动机	螺旋桨电动机转动顺畅
遥控器	外观	外观完好，摇杆拨动灵活
电池	外观	检查电池无鼓包，应能安装到位，检查手动或自动卡扣应能卡紧
遥控设备箱体	驱潮设施	检查露天布设的遥控设备、箱体密封、防小动物封堵、抽湿设备正常

表 5-4　巡检无人机月度实操检查维护项目及要求

序号	维护项目	维护要求
1	开启遥控器	遥控器正常开机

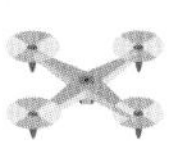

续表

序号	维护项目	维护要求
2	组装、开启无人机	组装正常，开机正常，机身指示灯正常亮起，遥控器与无人机连接正常，遥控器无异常警报
3	飞机及遥控器固件升级	将设备联网，检查、更新最新固件版本
4	检查遥控器摇杆操作模式	摇杆操作模式设置为惯用的操作模式
5	检查桨叶、云台等转动部件	控制界面显示无异常告警
6	检查电池性能	检查电池电压在厂家规定范围，循环次数小于 200 次或厂家规定的数值
7	检查电调、IMU	开机后随程序自检正常
8	检查 RTK 固定	RTK 进入固定解（FIX）模式，确认 RTK 正常工作时的卫星数目，为控制器设置最低卫星数的告警阈值
9	校准指南针	按无人机厂家要求校准。校准指南针时，不应在室内、各类钢结构构筑物附近、物体金属表面上、带有地下钢筋的建筑区、电缆、钢筋堆放区、电缆沟（井）等区域校准
10	统一高度显示模式	统一并确认航线、飞行器、遥控器、后台系统等各界面的高度显示模式
11	其他异常告警检查	无人机、遥控器或后台遥控器发出的所有自检异常告警，均须进行排查处理
12	地面解锁（不起飞）	桨叶正常转动，电动机无卡涩、无异响
13	起飞悬停	飞升至 2m 以内高度，保持悬停，检查控制界面显示正常，无异常告警
14	检查遥控响应	遥控器摇杆拨动、按钮、滚轮、切换推钮等正常响应。如使用后台遥控，则应配合现场联调测试各指令的实时响应情况
15	检查云台及镜头功能	云台正常转动，拍摄、录制视频功能正常，作业数据可正常写入存储器，所拍摄照片清晰度符合镜头标称，镜头无模糊，遥控器或后台遥控器可正常下载图像，存储器容量如不足，应检查后进行扩容

（2）专业维护。通常由较为熟悉无人机设备的人员开展，具体内容分为外观检查与实操检查，维护周期一般为一年一次，其中专用维护的外观检查项目与月度维护相同，专业维护中的实操检查主要内容及要求见表 5–5。

表 5–5　　巡检无人机专业维护项目及要求

序号	维护项目	维护要求
1	开启遥控器	遥控器正常开机
2	组装、开启无人机	组装正常，开机正常，机身指示灯正常亮起，遥控器与无人机连接正常，遥控器无异常警报
3	飞机及遥控器固件升级	将设备联网，检查、更新最新固件版本
4	检查遥控器摇杆操作模式	摇杆操作模式设置为惯用的操作模式
5	检查桨叶、云台等转动部件	控制界面显示无异常告警
6	检查电池性能	检查电池电压在厂家规定范围，循环次数小于 200 次或厂家规定的数值
7	检查电调、IMU	开机后随程序自检正常
8	检查 RTK 固定	RTK 进入固定解（FIX）模式，确认 RTK 正常工作时的卫星数目，为控制器设置最低卫星数的告警阈值
9	校准指南针	按无人机厂家要求校准。校准指南针时，不应在室内、各类钢结构构筑物附近、物体金属表面上、带有地下钢筋的建筑区、电缆、钢筋堆放区、电缆沟（井）等区域校准
10	统一高度显示模式	统一并确认航线、飞行器、遥控器、后台系统等各界面的高度显示模式
11	其他异常告警检查	无人机、遥控器或后台遥控器发出的所有自检异常告警，均须进行排查处理
12	地面解锁（不起飞）	桨叶正常转动，电动机无卡涩、无异响
13	起飞悬停	飞升至 2m 以内高度，保持悬停，检查控制界面显示正常，无异常告警
14	检查遥控响应	遥控器摇杆拨动、按钮、滚轮、切换推钮等正常响应。如使用后台遥控，则应配合现场联调测试各指令的实时响应情况
15	检查云台及镜头功能	云台正常转动，拍摄、录制视频功能正常，作业数据可正常写入存储器，所拍摄照片清晰度符合镜头标称，镜头无模糊，遥控器或后台遥控器可正常下载图像，存储器容量如不足，应检查后进行扩容
16	检验 RTK 精度	手动操作无人机至现场某标记点位，依次进行至少 4 个点位的打点，将航线任务保存后，派发至无人机执行，观察或使用仪器验证无人机执行航线时的位置与标记打点位置是否一致

续表

序号	维护项目	维护要求
17	检查低电量告警正常	使无人机悬停，在电量达到低电量阈值时，检查无人机机身指示灯指示正常
18	无人机失控告警正常	将无人机失控行为设置为“失控悬停”，降低高度至离地 0.2m 以内，关闭遥控器，检查失控行为正常，检查无人机机身指示灯指示正常。 重新开启遥控器，检查可正常自动连接无人机
19	检查各组电池	将无人机降落后，更换电池并重新连接至遥控界面，检查电池电压在厂家规定范围，循环次数小于 200 次或厂家规定的数值。检查正常后，关闭电池，换上其他待检查电池进行检查。电池检查不合格应直接报废
20	备用电池充放电	3 个月未使用的电池，应开机连接，检查数据正常，放电至 50%～60%，并存放在专用的电池存放座（箱）
21	检查电池和电芯压差情况	无人机电池在电量分别为 100%、60%、30% 时，手机安装相应软件，然后手机连接无人机遥控器，检查电池和电芯差压，如果电芯压差大于 0.2V，则作废该电池

5.1.3.2　巡检机库维护保养

巡检机库的维护按照维护的内容为月度维护和专业维护。

（1）月度维护周期为一个月一次，通常由站内运行人员开展，其维护项目及要求见表 5-6。

表 5-6　　**机库月度维护项目及要求**

类型	维护项目	维护要求
简易机库	确认机库位置，作业范围内无触电、高处坠落风险	确保无触电、高处坠落风险
	检查机库箱内有无蜂巢，清理小动物	确保箱内干净整洁、无小动物
	检查机库内电源和网络通信状态指示灯正常	确保各装置正常运作
	检查遥控器能正常开机，能正常充电	确保遥控器无异常
	检查无人机电池无鼓包，可正常充电并能显示电量	确保电池性能无异常
	检查无人机外观无破损，云台无破损，桨叶无破损	确保无人机外观无异常
	收好无人机，机库箱门关好并锁好，清理现场	确保作业现场恢复到作业前状态，现场无遗留物品

续表

类型	维护项目	维护要求
充（换）电机库	确认机库位置，作业范围内无触电、高处坠落风险	确保机库位置安全可靠，无触电、高处坠落风险
	检查机库箱内有无蜂巢，清理小动物	确保机库箱内干净整洁，无蜂巢、小动物
	检查机库内电源和网络通信状态指示灯正常	确保机库内电源和网络通信设备正常运作，指示灯显示正常
	检查充电器能正常工作，无异常情况	确保充电器无异常，能正常充电无人机
	检查无人机电池无鼓包，可正常充电并能显示电量	确保无人机电池无异常，能正常充电并能准确显示电量
	检查无人机外观无破损，云台无破损，桨叶无破损	确保无人机外观完好，无破损现象；云台和桨叶无异常
	收好无人机，机库箱门关好并锁好，清理现场	确保无人机安全存放在机库内，机库箱门关闭并锁好；清理作业现场，保持整洁，无遗留物品

（2）专业维护的周期为一年一次，主要对机库进行专业全面的检查和维护，通常由专业人员开展，维护项目及要求见表 5–7。

表 5–7　机库专业维护项目及要求

类型	维护项目	维护要求
简易机库	确认机库位置，作业范围内无触电、高处坠落风险	确保无触电、高处坠落风险
	检查机库箱内有无蜂巢，清理小动物	确保箱内干净整洁、无小动物
	检查机库内电源和网络通信状态指示灯正常	确保各装置正常运作
	检查遥控器能正常开机，能正常充电	确保遥控器无异常
	检查无人机电池无鼓包，可正常充电并能显示电量	确保电池性能无异常
	检查无人机外观无破损，云台无破损，桨叶无破损	确保无人机外观无异常
	收好无人机，机库箱门关好并锁好，清理现场	确保作业现场恢复到作业前状态，现场无遗留物品

续表

类型	维护项目	维护要求
充（换）电机库	确认机库位置，作业范围内无触电、高处坠落风险	确保机库位置安全可靠，无触电、高处坠落风险
	打开机库箱门检查部件，部件应齐全，接线完好	确保机库内部件齐全，接线完好，无异常情况
	打开电源，电源和网络通信状态指示灯正常	确保电源和网络通信设备正常运作，指示灯显示正常
	检查充电器能正常工作，无异常情况	确保充电器无异常，能正常充电无人机
	检查机库设置中机库 ID、参数正确，如需更新飞行端软件则进行更新	确保机库设置正确，飞行端软件版本与无人机固件版本匹配
	在 POE 交换机安装处接入笔记本电脑访问路由，检查 IP 设置参数	确保 POE 交换机正常工作，IP 设置参数正确
	测试服务器连接状态以及端口状态，网络及端口应能 ping 通	确保服务器连接正常，网络状态正常
	检查无人机外观无破损，云台无破损，桨叶无破损	确保无人机外观完好，无破损现象；云台和桨叶无异常
	检查无人机电池无鼓包，可正常充电并能显示电量	确保无人机电池无异常，能正常充电并能准确显示电量
	在机库处连接无人机遥控器，无人机打开电源，查看无人机与机库连接是否正常，工控机应有无人机图传，各连接状态正常	确保无人机通电后状态正常，与机库连接正常，工控机图传正常
	检查无人机固件版本、电池版本匹配情况，如需更新则进行更新	确保无人机固件版本与电池版本匹配一致可用
	检查 POE 交换机和收银台能正常通电，收银台日志状态正常，网络通信指示灯亮	确保无人机通电后，其他各个装置状态正常
	检查无人机调度平台应有无人机图传、摄像头图传	确保无人机通电后，后台图传信号正常
	收好无人机，收好工具，机库箱门关好并锁好，清理现场	确保作业现场恢复到作业前状态，现场无遗留物品

5.2 系统平台

变电站无人机智能巡检系统平台的建设主要是为了拓宽无人巡检作业的覆盖范围，系统主要依据电网高质量发展规划，面向电网生产业务实际，结合变电设备智能巡检需求，实现巡检装备集中化应用管理，全面提升无人巡检效率与应用效果。建立基于全域物联网及“云管边端”协同技术的变电站无人机智能巡检系统，通过感知层获取数据、平台层传输数据、应用层运用数据，实现“基础维护、任务执行、作业监控、结果分析、数据统计”的变电站无人机智能巡检全过程管控，如图 5-5 所示。

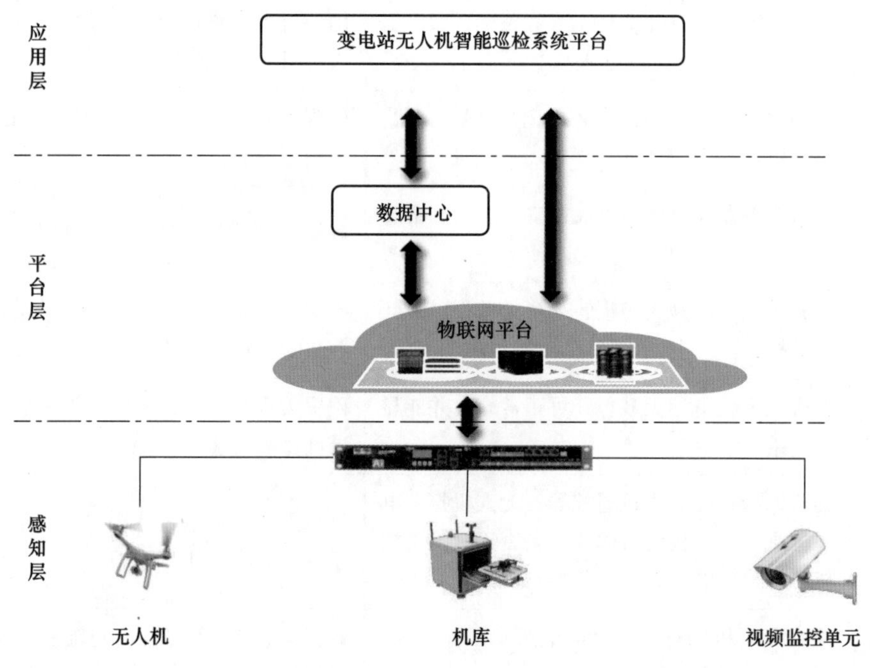

图 5-5　系统整体功能架构图

5.2.1　系统平台整体组成

系统平台整体包括基础数据维护、巡检计划管理、作业实时监控、结果数据分析、可视化数据看板五个功能模块。系统平台支持航线模型基础储存和维护、计划有序编排、任务灵活调度、装备分时复用及数据全方位可视化展示，并且支持跨专业、跨任务的航线优化组合与有效应用。用户通过系统平台的可视化界面进行人机交互，实现计划编排、任务实施、装备调度、结果分析等业务应用，通过远程派发无人机巡检计划任务至无人机终端，实时获取终端状态、监控画面、巡检照片等信息，任务结束后自动开展巡检数据分析，发现设备缺陷。

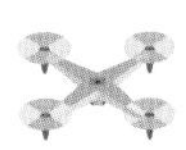

5.2.2　基础数据维护模块

基础数据维护模块是对现有变电站三维模型进行存储、预览、归类、多功能赋予和巡检航线规划、存储、归类。

具体功能包括：

（1）三维模型储存：对三维模型进行储存，该模块包含云盘功能，可有足够的容量，可以兼容三维模型多种格式且可自由打开预览。

（2）三维模型测绘：对三维模型进行长度和面积、体积的测量，该模块有等比例计算功能，能实现点到点、点到面、面到面的测量，实现无需到现场的测量，可以替代施工前现场勘察等工作。

（3）多功能赋予：对三维模型实现台账等文字信息关联、实现 CAD 等图纸的等比例赋予、实现现场实时图片的关联等功能。

具体案例如下：

（1）施工前勘察（见图 5–6）：可以实现多部门多专业线上远程施工前勘察，减少赶赴现场勘察的时间，提高工作效率；通过测量等功能测量施工安全距离把控，设置合理的停电方案；通过鸟瞰视图，更好提高施工危险点的发现率，做好预防措施。

图 5–6　线上远程施工前勘察工作画面

（2）隐患可视化标注（见图 5–7）：可以在三维模型进行可视化标注，实现隐患跟踪可视化展示，通过颜色区分缺陷 / 隐患的关注度。

图 5-7　隐患可视化标注画面

（3）台账可视化展示（见图 5-8）：可以实现与台账等多类型文字信息相关联，实现数据多样性展示。

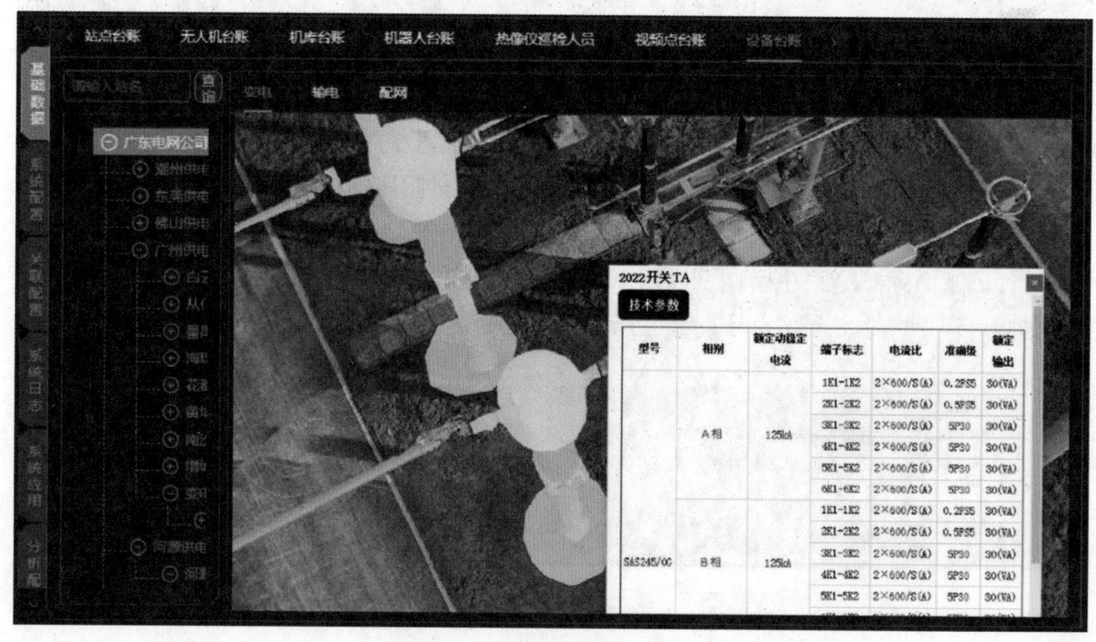

型号	相别	额定动稳定电流	端子标志	电流比	准确级	额定输出
SAS245/0C	A相	125kA	1K1-1K2	2×600/S(A)	0.2FS5	30(VA)
			2K1-2K2	2×600/S(A)	0.5FS5	30(VA)
			3K1-3K2	2×600/S(A)	5P30	30(VA)
			4K1-4K2	2×600/S(A)	5P30	30(VA)
			5K1-5K2	2×600/S(A)	5P30	30(VA)
			6K1-6K2	2×600/S(A)	5P30	30(VA)
	B相	125kA	1K1-1K2	2×600/S(A)	0.2FS5	30(VA)
			2K1-2K2	2×600/S(A)	0.5FS5	30(VA)
			3K1-3K2	2×600/S(A)	5P30	30(VA)
			4K1-4K2	2×600/S(A)	5P30	30(VA)
			5K1-5K2	2×600/S(A)	5P30	30(VA)

图 5-8　台账可视化展示画面

（4）航线规划（见图 5-9）：该模块可实现航线的规划和修改，进行航线与任务关联前航点速度等关键参数的修改。

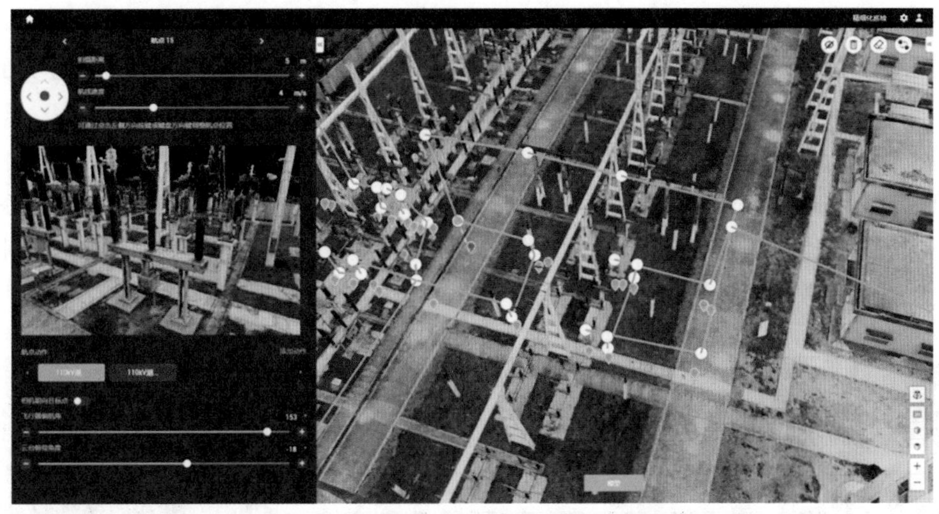

图 5–9　航线规划画面

5.2.3　巡检计划管理模块

巡检计划管理模块能够解析和分析接收到的计划信息，智能地将其独立拆分，并准确地与对应的任务进行匹配和绑定。这种绑定机制确保了巡检任务执行者清楚地了解并能够执行自己负责的计划内容。在系统根据计划内容绑定任务之后，用户可以查看当前的任务时间安排，并且有能力根据实际情况设置合理的自动起飞时间和失败重试频次。一旦完成所有的配置确认后，系统就会立即下发任务。

对于下发的计划任务，巡检计划管理模块会在预定的时间自动执行，无需人工干预，也可提前手动执行任务。如果任务执行失败，用户可以进行人工干预并手动执行任务，或选择重新执行任务，以确保任务的顺利完成。

除此之外，用户还可自主新建任务内容，执行自定义任务。用户可以根据需要和实际情况自主安排任务的执行。

具体功能包括：

（1）计划内容获取：巡检计划管理模块支持从不同系统请求或接收计划内容，以获取最新的计划信息。

（2）计划信息解析：巡检计划管理模块能够解析和分解接收到的计划信息，智能地将其拆分为具体的巡检任务，并准确地与对应的进行匹配和绑定。

（3）任务绑定：将无人机巡检计划与具体的任务航线进行绑定，确认需要下发至对应站点的机库的无人机执行相关的任务航线。

（4）查看任务时间安排：用户可以在系统中查看当前计划的任务时间安排，了解巡检任务的执行情况。

（5）任务参数调整：用户可以根据实际情况设置合理的自动起飞时间和失败重试频次，以便系统能够按时执行任务并进行重试，确保任务的顺利完成。

（6）任务执行管理：系统能够自动执行预定的任务，无需人工干预。如果任务执行失败，用户可以进行人工干预并手动执行任务，或选择重新执行任务，以确保任务的顺利完成。

巡检计划管理模块主要功能与操作具体如下：

（1）计划查看。图 5–10 所示画面为无人机的巡检计划展示页，以不同的颜色区分计划执行状态，点击有颜色区域展示站点名称、机库名称、计划名称、计划时间、计划状态、任务成功与失败数等基本信息。

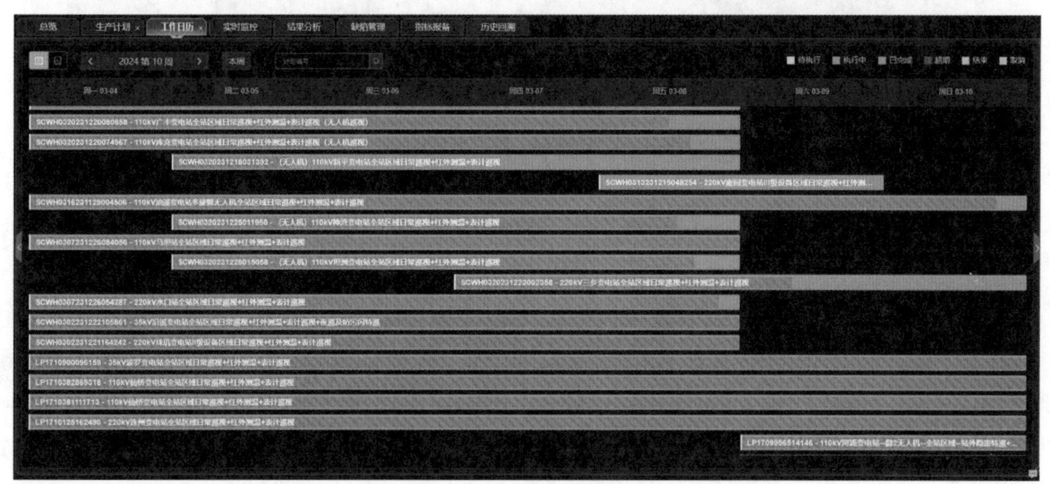

图 5–10　计划查看画面

查询：选择站点，机库名，查看方式（按月查询，按周查询），时间进行条件筛选，悬停在颜色区域，点击详细信息，查看详细信息。

（2）计划编制。在菜单栏中选择某个站点或组织，也可在条件框输入信息，进行条件筛选，如图 5–11 所示。

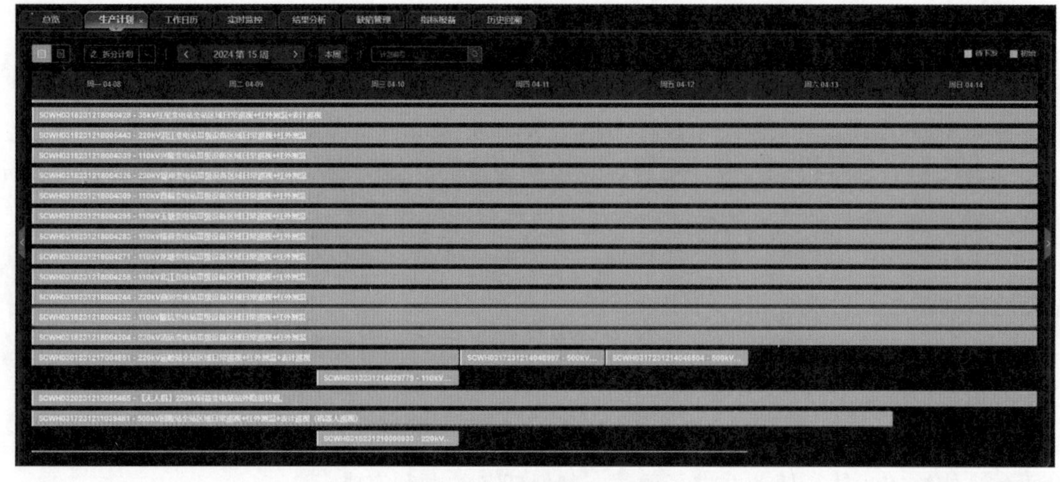

图 5–11　计划编制画面

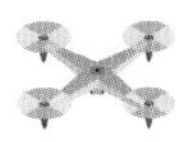

计划编辑是通过机库名、计划名称、计划类型、创建人等内容查询，编制审核状态、编写时间及巡检计划相关信息数据。

5.2.4　作业实时监控模块

作业实时监控模块负责实时监控无人机的巡检画面和状态，查看无人机的机头朝向、云台俯仰角、云台水平角等实时画面，以及机库内外的实时画面，全面了解机库的实时状况。

此外，作业实时监控模块支持监控当前任务的执行状态，包括任务是否已开始、任务执行进度、任务是否完成等信息，方便管理人员及时了解任务进展情况。同时，当无人机出现异常情况，如飞行速度过快、角度异常、高度过低等，实时监控模块会立即发出告警提示，以便操作人员及时介入处理，提高巡检的安全性和准确性。

其次，作业实时监控模块支持查询无人机的历史记录，包括飞行轨迹、飞行高度、飞行速度等信息，可以帮助操作人员对无人机的工作状态和巡检质量进行分析和评估，提供决策支持。

具体功能包括：

（1）实时画面展示：展示机库的实时画面，帮助管理人员了解机库的实时状况。

（2）任务状态展示：展示当前任务的执行状态，帮助管理人员了解任务进展情况。

（3）实时数据采集：通过无人机或其他设备，采集机库内外的实时数据，为后续数据分析提供基础数据。

（4）数据处理和分析：对采集到的实时数据进行处理和分析，支持决策。

（5）告警和预警：根据设定的阈值和算法，对实时数据进行告警和预警，及时通知管理人员处理异常情况。

（6）数据存储和备份：对实时数据进行存储和备份，确保数据可靠性和完整性，便于后续分析和挖掘。

作业实时监控模块的主要功能与操作具体如下：

（1）单一作业实时监控。在菜单栏中进入单一作业实时监控画面，筛选对应的站点，再对应选择机库，如图 5–12 所示。

此画面为无人机作业实时监控可视化展示画面，展示某个机库的某个视频模式下的云台实时画面（机头朝向、云台俯仰角、云台水平角）、机库内实时画面、机库外实时画面、当前任务、机库信息等数据。

查询：选择机库类型（固定机库或移动机库），选择机库名与视频模式的条件，查看无人机的实时画面。

模拟站点地图：无人机（大小，飞行速度，颜色混合）的相关配置。

（2）集中作业实时监控。在菜单栏中选择集中作业实时监控画面，如图 5–13 所示。

图 5–12　作业实时监控画面

图 5–13　集中作业实时监控画面

此画面为集中作业实时监控画面，展示多个航线任务执行所包含的机库、对应的航线以及无人机实时的飞行轨迹，可以隐藏所有航线或者隐藏某条航线（有任务执行时才会显示航线），可以点击对应的机库名以定位到所属站点位置。

在菜单栏中选择集中作业实时监控内的无人机图传监视画面，如图 5–14 所示。

图 5-14　无人机图传监视画面

无人机图传监视画面可以看到所配置的机库无人机实时图传画面、电池电量、RTK 状态信息、最近任务的执行状态信息（航点进度 / 图片上传进度等）。

在菜单栏中选择集中作业实时监控内的机库内监视，如图 5-15 所示。

图 5-15　机库内监视画面

此画面为无人机机库内部监视视频，画面配置操作同图传监控。

在菜单栏中选择集中作业实时监控的机库外监视，如图 5-16 所示。

图 5-16　机库外监视画面

此画面为机库外的环境监视视频，画面配置操作同图传监视。

在菜单栏中选择集中作业实时监控的机库状态预览，对各个机库状态进行实时预览，如图 5-17 所示。

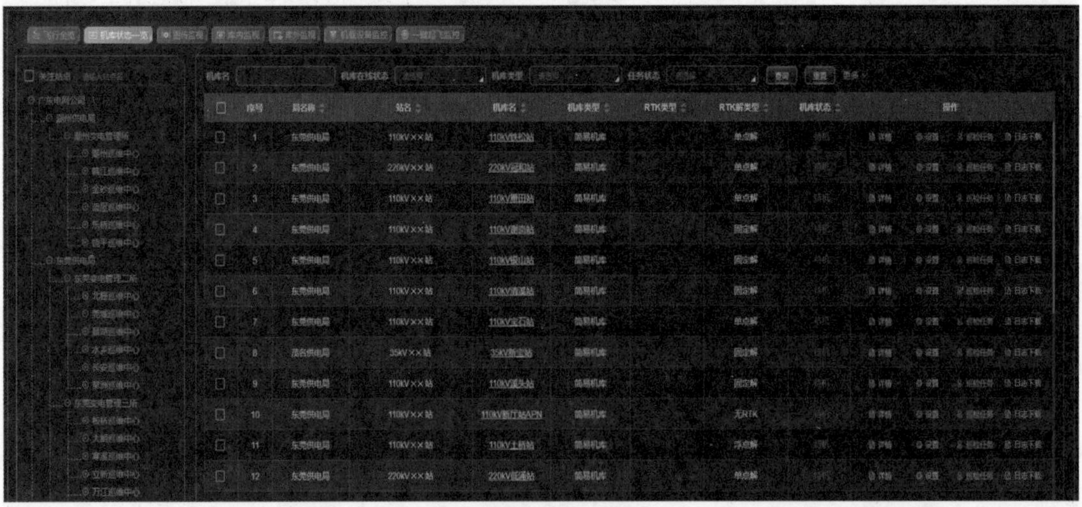

图 5-17　机库状态预览画面

5.2.5　结果数据分析模块

针对巡检任务执行后获取的结果数据，实现智能分析、人工确认、缺陷定级、全周期巡检数据预览等功能。

具体功能包括：

（1）数据存储和备份：对数据进行存储和备份，确保数据可靠性和完整性，便于后续分析和挖掘。

（2）结果数据获取：无人机巡检任务执行后获取结果数据，包括飞行记录、巡检数据、图片或视频等信息。

（3）智能分析与检测：对获取的结果数据进行智能分析，包括对图片或视频进行识别和分类，自动检测设备缺陷和异常。

（4）告警和预警：根据设定的阈值和算法，对数据进行告警和预警，及时通知管理人员处理异常情况。

（5）人工复核与定级：需要人工复核结果数据，并针对缺陷和异常进行定级，确定需要采取的措施。

（6）可见光与红外展示：结果数据的可见光图片、红外图片可分类显示，以便更清晰地展示巡检结果。

（7）红外温度数据分析：利用红外图片可用点、线、面的方式查看巡检区域的温度最高、最低和平均值。

（8）结果图片下载与导出：结果图片可支持下载和导出，以便进行进一步的分析和处理。

（9）人工标记与缺陷管理：在结果图片上进行人工标记，标记结果可生成缺陷问题，并进入缺陷闭环管理流程。

（10）历史轨迹与参数查看：可查看历史飞行、巡检的轨迹路线和巡检时的相关参数，用于问题追溯和预防措施的制定。

用户可以通过航线的巡检结果查看是否有自动识别结果。如有自动识别结果，可在航线计划右侧的分析界面根据情况进行复核处理；如没有自动识别结果，则通过浏览图片进行人工复核，人工检查出缺陷则需手动填报。

5.2.5.1　结果复核功能

1. 外观巡检

（1）在图片分析画面（见图 5–18），可以看到外观巡检识别的情况。外观巡检的自动识别功能可实现。

（2）在结果复核画面（见图 5–19），可以对识别结果进行复核，如漏油、锈蚀等缺陷或隐患。

2. 表计巡检

在结果复核画面（见图 5–20），可以对表计的数值识别结果进行复核。

图 5-18　外观巡检分析结果画面

图 5-19　外观巡检识别结果复核画面

图 5-20　表计巡检识别结果复核画面

3. 红外巡检

在图片分析画面（见图 5-21），可以看到红外图片识别的情况。

图 5-21　红外巡检分析结果及复核画面

如果该拍摄点没有识别出缺陷等情况，可以手动添加缺陷等人工复核信息。

5.2.5.2　人工填报功能

人工填报功能，若缺陷或隐患是目前无法识别，可以通过人工填报模式进行标注跟踪，如图 5-22 所示。新增缺陷，对应关联设备台账，在设备缺陷 / 隐患库选择对应的设备缺陷 / 隐患类型，可预设缺陷和隐患下次动态变化时进行预警，可查看历史的监测值。

图 5-22　人工填报缺陷 / 隐患画面

5.2.6　可视化数据看板模块

可视化数据看板模块能够清楚展示巡检计划统计情况、作业执行情况、硬件设备运行情况、结果数据分析的统计情况。

具体功能包括：

（1）可实现全域资产统计显示，清楚地了解各电压等级机库和无人机的资产数量及实时变化。

（2）可实现巡检计划的统计显示，可以清楚地了解巡检计划待下发、已下发、执行中、已完成的数量，可以分为个性化定制年度、月度等不同时间周期统计方式。

（3）可实现当时航线执行情况显示、当时航线执行站点分布展示。

（4）可实现现有机库在线率显示、无人机在用情况显示。

（5）可实现全域无人机拍摄照片数量、飞行次数统计，实现设备现有缺陷的数量及等级统计。

（6）可实现全域事件、告警的统计与显示，并可设置不同的报警声来预警作业人员，确保及时响应。

（7）可实现巡检图片识别告警数量统计和人工复核情况显示，可以分为个性化定制不同巡维中心站点告警柱状图、折线图等比对显示。

5.3　图像识别

运维人员通过智能终端采集到海量图像，利用图像对设备进行状态检测、隐患排查、缺陷诊断等分析工作，但人工分析过程耗费大量人力资源，分析过程容易出现误判、漏判

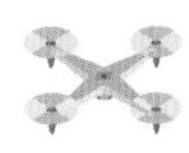

等情况，无法有效应对设备运维管理要求。为支撑变电智能巡检业务，提高智能巡检效率，通过对智能图像识别算法深入研究，实现变电站设备外观巡检、红外巡检、表计巡检等场景的智能识别。

5.3.1　基本原理

人类用眼睛和大脑观察和理解周围的真实世界，人类很容易在图像中分析到图像的信息，实现对图像进行分类、定位、标记。但对计算机而言，一张图像是相当于一个矩阵，图像分类任务就是给输入的图像通过三维点投射到二维平面运算后，输出一个标签值，如图 5–23 所示。

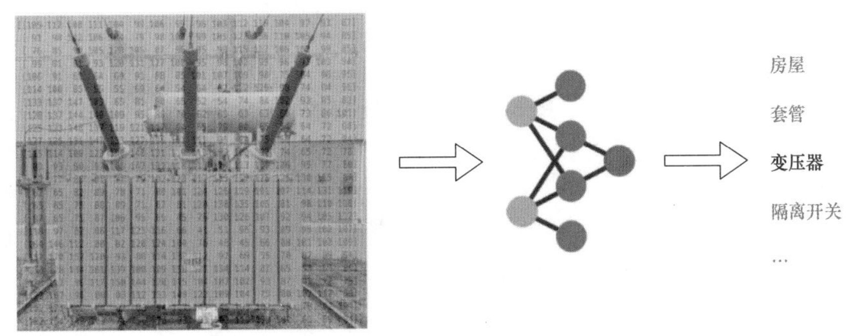

图 5–23　图像标签

计算机从各种标签数据处获得知识，再通过人为预设参数处理，使计算机能够自动作出判断和响应，这就是图像识别的基本原理。

机器学习过程最重要的一环是特征工程，指的是从输入数据中提取特征并将其转换为适合机器学习模型的格式。在简单的应用场景中，如图像配准任务，利用人工设计的特征可以较为容易地完成识别，但是在复杂的应用场景中却难以完成，比如人脸识别、物体分割等，自然而然地，希望机器能够从样本数据中自动地学习、自动地发现样本数据中“特征”，从而能够自动地完成识别。如图 5–24 所示，展示了机器学习与深度学习的步骤差异。对于机器学习，人类需要根据数据类型（比如，像素值、形状）进行人工设计特征，而深度学习则试图在没有额外人工干预的情况下学习这些特征，也正因为深度学习具有能依靠大量的样本数据自动完成低级、高级特征提取的优势，使得其被广泛的应用于各个工业领域。

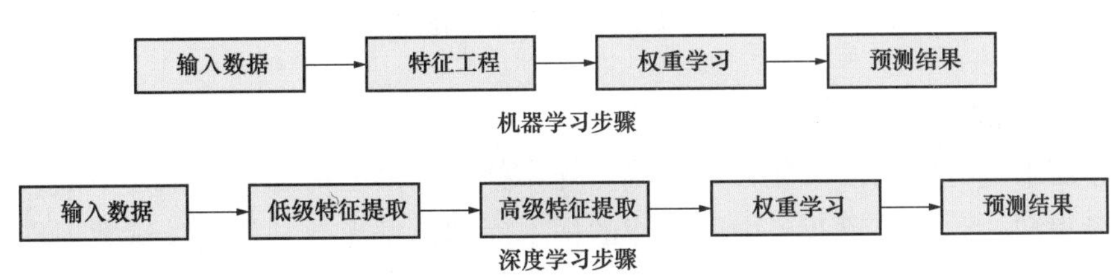

图 5–24　机器学习与深度学习的步骤过程

相比于机器学习，深度学习强调以下几个方面：

（1）强调模型结构的重要性：深度学习所使用的深层神经网络算法中，隐藏层往往会有多层，是具有多个隐藏层的深层神经网络，如图 5–25 所示，展示了一个具有四层网络的神经网络，而不是传统“浅层神经网络”，这也正是“深度学习”的名称由来。

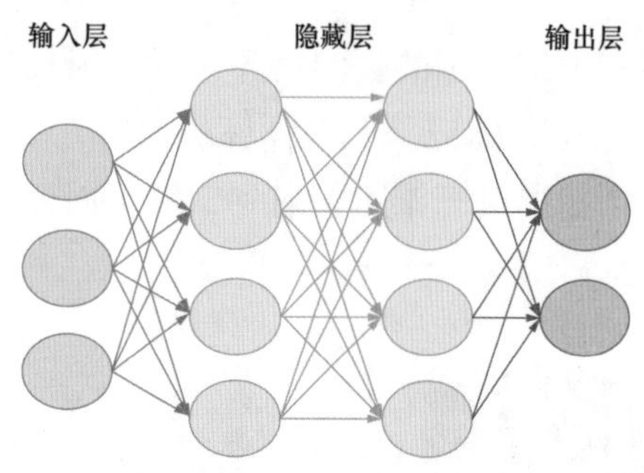

图 5–25　四层神经网络

（2）强调非线性处理：线性函数的特点是具备齐次性和可加性，因此线性函数的叠加仍然是线性函数。如果不采用非线性转换，无论神经网络有多少层，都能被简化成了单层的线性回归网络。正因为深度学习引入非线性激活函数，实现对计算结果的非线性转换，从而极大程度上地提高了学习能力。

（3）特征提取和特征转换：深层神经网络可以自动地提取特征并将低级特征转换为高级特征，换而言之，通过逐层特征转换，将样本在原空间的特征转换为更高维度空间的特征，从而使分类或预测更加容易实现。相比于人工设计复杂特征方法，深度学习利用海量数据完成特征自动学习，能够更快速、方便地建模数据自身所蕴含的丰富的、高级的语义信息。

5.3.2　算法开发

图像识别算法开发过程大致可以分为 7 个部分，如图 5–26 所示。其中业务需求转化问题抽象是所有实际业务算法开发的起始，影响后续的样本收集、样本标注、模型搭建等环节。下面对整个图像识别算法开发流程进行介绍。

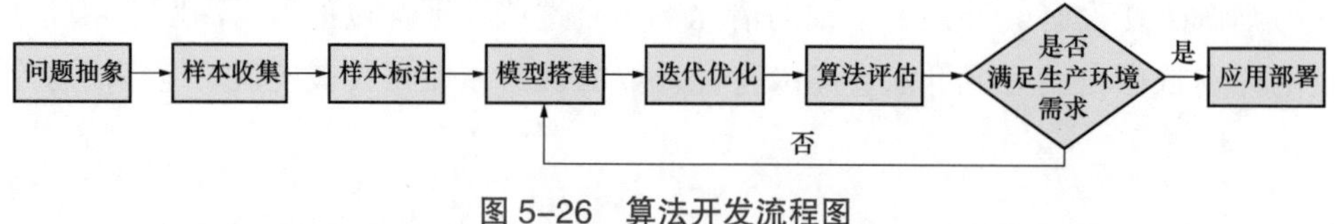

图 5–26　算法开发流程图

5.3.2.1　问题抽象

对业务需求进行问题抽象化，进而确定样本标注及模型搭建。若该环节缺失，轻则影响模型性能表现，重则导致业务中所制作的样本库和模型无效。如表计读数识别业务需求可以划分为两个子功能：一是对图像中表盘的识别与定位，二是对表盘中刻度、表针的分

割，进而将它们抽象为“回归”问题。为实现上述两个子功能在模型搭建时可以选择目标检测算法和语义分割模型。

5.3.2.2　样本收集

（1）为了满足业务需求，图像样本应从不同类型智能装备或终端采集，如无人机、机器人、摄像机等。图像样本收集应满足以下要求：

1）采集样本应具有广泛的代表性，以确保算法的普适性和准确性。

2）采集样本应具有足够的数量，以支撑模型迭代优化。

3）当原始样本量不足，可采用数据增强方法，如旋转、仿射变换、随机裁剪等，扩充样本数量。

（2）样本收集完毕后，应对样本进行清洗，并满足以下要求：

1）找出模糊图片并将其剔除。

2）找出目标极小人工难以判别的图片并将其剔除。

3）找出曝光过度或过少等原因导致图片异常的数据并将其剔除。

图像识别样本库收集完毕后，样本库按照一定比例被划分为训练集、验证集和测试集。其中，训练集、验证集用于模型的迭代优化环节，而测试集则用于算法评估环节。此外，样本库应具有实时更新能力，因为变电站设备状态和缺陷类型会随着运行时间和环境条件的变化而变化。因此样本库具备实时更新能力，才能满足算法持续更新迭代的需求。

5.3.2.3　样本标注

样本标注是对未经处理过的图片、视频等数据进行加工处理，从而转变成机器可识别信息的过程。常用方法有：矩形框标注、多边形标注、关键点标注等。常用的图像样本标注软件有：Labelme、LabelImg 等，如图 5–27 所示，展示了利用 Labelme 软件对变压器套管将军帽多边形矩阵的标注。然而人工标注需要大量的人力物力投入，且标注速度慢，产能低，无法较好满足无人机巡视算法开发的大规模标注需求。近来 SAM 模型的诞生，半自动标注方式也逐渐普及起来，进而极大程度地提高了图像数据标注效率。图片标注完成后，则按照 PASCAL VOC 数据标注规范进行保存，实现 JSON、TXT、XML 等标注文件格式之间的互相转换。

图 5–27　样本标注

5.3.2.4　模型搭建

根据问题抽象环节梳理出的问题定义，结合当前最先进的各领域算法选择合适的模型，并利用常见深度学习框架，比如 Pytorch、TensorFlow、PaddlePaddle、MXNet 等，进行模型搭建。对于模型搭建，有以下基本要求：

（1）选择单一的和适当的模型，如卷积神经网络

（CNN）、循环神经网络（RNN）、变压器（transformer）等。

（2）当单一模型不能满足业务需求，可选择多模型集成方法。

（3）当单一模型、集成模型都不能满足业务需求，应对原始模型改进，比如模块堆叠、模块替换、网络设计等。

（4）应优先选用具备较高计算效率和显存占用较小的模型。

5.3.2.5 迭代优化

模型搭建完毕后，使用训练集、验证集对模型训练，而模型训练过程实际上是对模型参数的优化。训练模型前，首先要设置超参数，在深度学习领域中，超参数一般指学习速率、迭代次数、网络层数等。其次，选择适当的优化器，以加速模型训练过程。在训练集、超参数和优化器共同作用下，对模型进行训练，每次训练迭代过程中，模型参数依靠损失函数、梯度反向传播进行更新。当损失函数不再收敛时，模型结束训练，模型参数更新停止。其次，在模型训练工程开发上通常设置相应训练步长间隔并利用验证集对模型性能初步评估，以便及时调整超参数。

5.3.2.6 算法评估

为了检验训练好的模型是否满足预定评估指标，需利用测试集对模型测试。常用的评估指标有：准确率、精确率、召回率、F1-score、ROC 曲线等。其中，测试集包含两部分：预设数据集和实际生产环境数据集。预设数据集用于初步判断模型的鲁棒性和泛化性，而实际生产环境数据集则是模拟实际生产环境的数据分布并且数据量是预设数据集的 10 倍左右，用于判断模型能否部署应用的关键一步。当模型在测试集上的各项指标符合预期，即可进入到算法开发最后一步模型部署，否则，重回到模型搭建、迭代优化环节直至模型在测试集上满足各项预定评估指标。

5.3.2.7 模型部署

为了实现图像识别算法在软件应用层面上服务于业务需求，需部署模型在云端服务器上。模型部署过程通常包括以下几个步骤：

（1）根据云端部署平台的硬件资源和性能要求，对模型进行优化，如模型压缩、剪枝等，以提高模型的推理速度和精度。

（2）将训练好的模型的结构和参数转换成一种描述网络结构的中间表示，比如 ONNX、TorchScript 等。

（3）根据云端部署平台要求，利用面向硬件的高性能编程框架，比如 C++、CUDA，编写推理引擎。其中推理引擎会把中间表示转换成特定的文件格式，并在平台上高效运行模型。

（4）根据云端部署平台要求，编写接入方式和要求，如 API 接口、SDK 等，供相应平台服务调用。

5.3.3 应用实例

5.3.3.1 基于精细化分割的表计读数识别

本实例提出了一种基于精细化分割的表计状态识别技术对变电站指针类表计读数进行

识别。表盘特征点提取及指针分割效果图如图 5-28 所示，算法识别过程主要包括表盘、指针特征提取，将提取到的彩色图像转化为灰度图像，对其进行倾斜校正，完成预处理后，进行模板匹配、Hough 圆检测、K-means 二值化处理、零刻度线定位、指针定位、指针示数计算，完成对 SF_6 气压表盘、主变压器油温表、主变压器储油柜油位表等指针类表计读数的精准识别。表计读数识别效果图如图 5-29 所示。

图 5-28　表盘特征点提取及指针分割效果图

图 5-29　表计读数识别效果图

5.3.3.2　基于可见光图像映射红外图像识别

该实例提出了一种基于可见光图像映射红外图像识别对变电站设备发热缺陷识别方法。可见光图像相比红外图像清晰度高，对比度高，信噪比高，含有更丰富的视觉维度信息以及特征点，使用同视角不同焦距拍摄的可见光图片作为辅助，对可见光图片进行目标检测和语义分割，再使用基于 Transformer 的注意力机制技术构建 LightGLUE 模型，细化并提取可见光和红外图像的特征点；使用 findHomography 技术，对图像进行旋转、扭曲等变形操作，映射可见光和红外图像的特征点；最后基于上述正确匹配的特征点，根据仿射变换矩阵即可将可见光图像映射到红外图像中，如图 5-30 所示，从而有效提高红外图像识别的准确率。可见光图像映射红外图像识别效果图如图 5-31 所示。

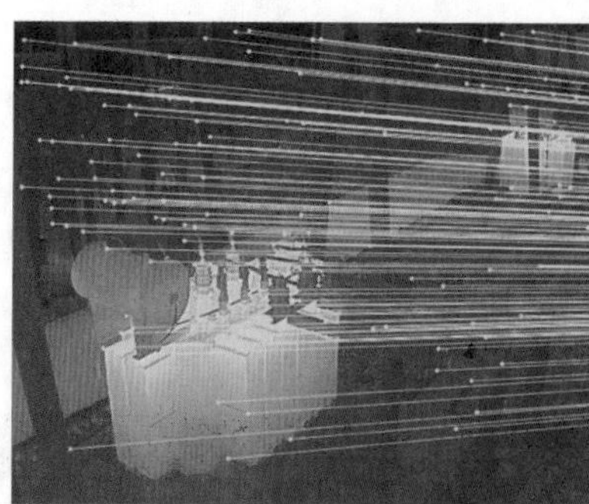

图 5-30　可见光图像映射红外图像特征匹配效果图

图 5-31　可见光图像映射红外图像识别效果图

5.3.3.3　基于设备台账的图像识别

本实例提出了一种通过关联设备台账的方式，为拍摄图片提供先验知识，调用特定目标算法，过滤无关算法的图像识别技术。该过程主要包括通过系统预设设备台账，设备台账与采集图像关联，将预设有台账信息的图像向算法传递，如图 5-32 所示，系统通过传递“变高套管”台账信息及对应图像，算法通过先验知识判断图像中存在“液面油位计”，并实现准确调用液面油位计识别算法，从而提升算法识别准确率及运行效率的图像识别技术。

图 5-32　基于设备台账的图像识别效果图

5.4 调试部署

变电站无人机智能巡检系统调试部署主要包括装置调试、系统联调、系统验证三个步骤，各个步骤均完成并正常方可开展变电站无人机智能巡检的常态化运行工作，如图 5-33 所示。

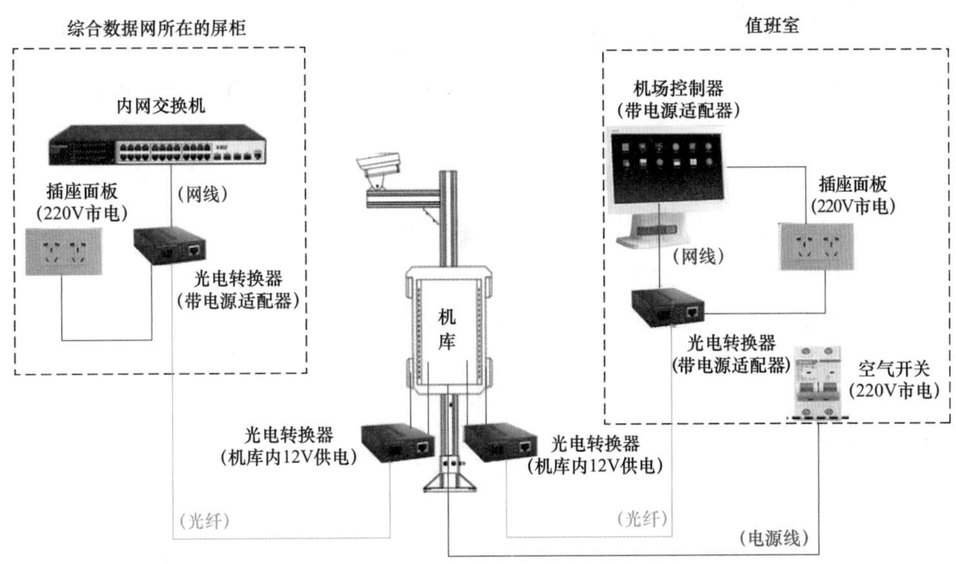

图 5-33　机库调试部署网络拓扑图

5.4.1　装备调试

装备调试包括巡检机库设置和巡检无人机接入。

根据变电站主控楼和设备区布局，巡检机库设置选择主要考虑以下几点：

（1）机库宜设置在相对空旷的位置，建筑遮挡面积不超过 30%。

（2）机库建议设置在值班室周围的空地上或主控楼楼顶。

（3）机库设置应根据现场勘察综合走线便捷性、施工复杂程度，选择合适的位置。

（4）机库不应设置在井盖、隔离栏等金属物旁，不应设置在电缆层、井等有强电通道旁，避免信号屏蔽或干扰。

将无人机放在预设置机库位置上，开机观察自检后无人机 RTK 收敛情况和磁罗盘状态，重复多次，如果出现多次磁干扰异常告警，校准后重启无人机后，仍出现干扰异常告警或 RTK 长时间不固定、固定后跳单点的情况，说明该位置干扰较强，不适合设置为机库位置。

手持遥控在预选的机库位置起飞无人机，将无人机飞到变电站内距离机库预设位置的最远端和有遮挡位置，降低无人机飞行高度，观察无人机遥控的图、数传信号，若信号很弱或者无人机直接失联，说明该位置无法满足信号覆盖全站，不适合设置为机库位置。

巡检无人机接入主要调试巡检机库和无人机连接、运作是否正常，主要考虑以下几点：

（1）机库电源检查：连上巡检机库的电源，确认机库正常通电，机库内遥控器、机库散热器等设备均正常运作。

（2）机库内部接线检查：确认巡检机库内部通信接线、电源接线完整无破损。

（3）无人机设置检查：根据厂家说明书调试无人机开机，并确认 RTK 模块连接且激活正常。

（4）机库天线检查：确认巡检机库天线正常。

（5）机控连接检查：确认巡检机库遥控器与无人机连接正常，遥控器连接启动无人机正常，无人机自检正常。

（6）机库开闭检查：将无人机放置巡检机库对应位置，手动机械开闭机库盖数次，确认无人机放置无误。

5.4.2 系统联调

系统联调包括巡检无人机、巡检机库、RTK 服务系统和系统平台之间的联调，如图 5-34 所示，网络连接方式如下：

（1）巡检机库内部拓扑结构：无人机与机库遥控器采用无人机专用通信链路，遥控器经过数据线与机库遥控器相连，机库遥控器通过有线以太网连接变电站网络交换机。无人机专用通信链路由无人机主机厂家设计开发私有加密通信协议。

（2）巡检机库与系统平台连接：采用有线网（光纤）接入变电站的与系统平台连接，若变电站对网络安全有要求，必须确保接入机库端和变电站网络交换机均经过入网安评且符合接入条件。

（3）RTK 服务系统与巡检机库通信：若巡检机库部署为专用局域内网通信，则将 RTK 服务系统私有化部署到内网，通过部署防火墙的专线与外部 RTK 网络互连。RTK 服务在内网通过综合数据网与机库互连，再由专用无线通信链路传输至无人机，实现无人机高精度定位飞行巡检；若巡检机库为外网通信，直接通过通信运营商网络与机库互联，再由专用无线通信链路传输至无人机，实现无人机高精度定位飞行巡检。

（4）巡检机库与系统平台、RTK 服务器间建立联通，通过配置对应的服务器地址、数据推流地址、创建指定站点的机库台账信息等操作建立联系。

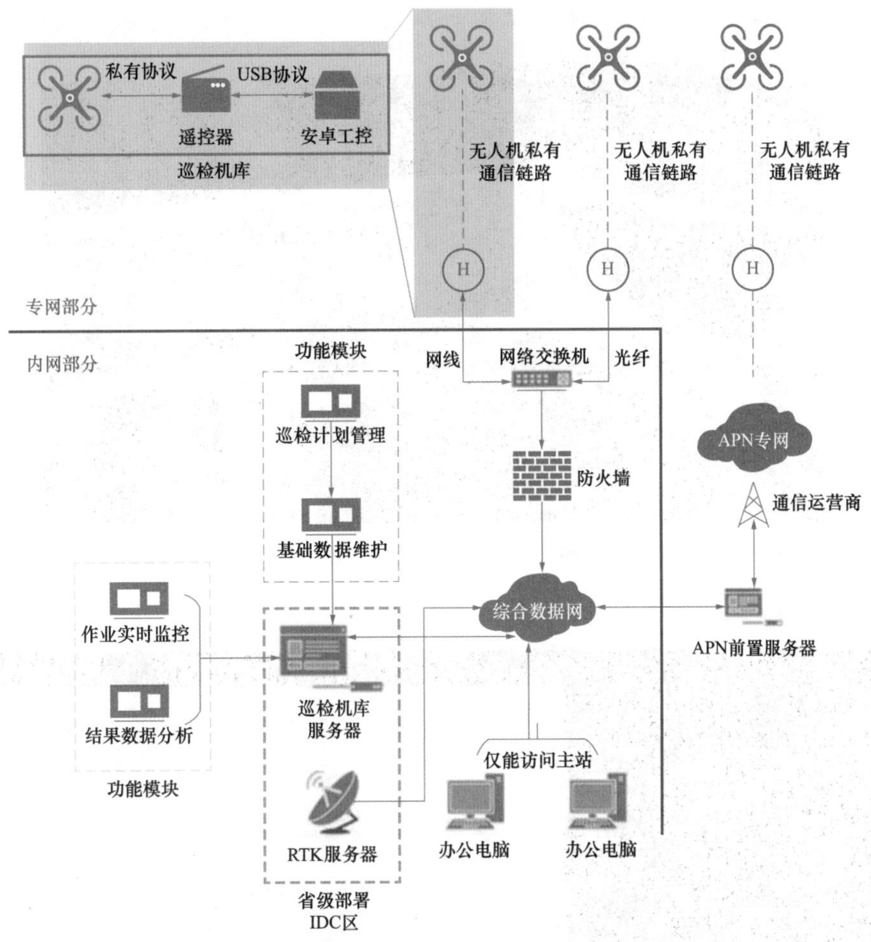

图 5-34　系统联调网络拓扑图

5.4.3　系统检验

为了验证变电站无人机智能巡检系统部署是否正常，可以尝试一次任务下发试飞进行系统检验，检验流程包括以下几点步骤：

（1）对应变电站进行建模。

（2）将该变电站模型上传至系统平台，根据巡检机库设置对应变电站台账，在该变电站的模型中规划一条测试航线（见图 5-35），测试航线应充分考虑航线起始点规划在机库的正上方，航点数无需多且建议均设置在机库正上方空旷处。

（3）在系统平台巡检计划管理模块设置计划任务，关联对应巡检机库、航线（见图 5-36）。

图 5-35　测试航线规划示例

图 5-36　航线选择画面

1）切换至作业实时监控模块，检查无人机实时状态正常刷新，机库状态为待机，无人机图传视频正常显示。

2）回到巡检计划管理模块，进行任务下发，至作业实时监控模块检查确认无人机 RTK 正常连接，起飞正常，检查无人机实时状态、图像数据传输正常。

3）任务结束后，确认无人机正常返回巡检机库，任务照片正常回传至系统平台。

若以上步骤均检验正常，那证明变电站无人机智能巡检系统全路径部署无异常，该变电站无人机智能巡检作业可正式常态化开展。

第 6 章 变电站无人机智能巡检应用

变电站无人机智能巡检可实现多场景的应用，包括日常巡检、特殊巡检、辅助巡检和协同巡检等业务。以广东电网有限责任公司为例，全省已在两千余座变电站部署无人机机库，并通过统一的省级系统平台开展无人机智能巡检。无人机智能巡检不断覆盖人工运维的相关业务内容，逐步达到“提质增效、机巡代人”的目标。

6.1 作业要求

无人机在变电站作业，必须满足国家民航、空域等管理部门相关法律法规要求，作业区域宜在变电站内，根据实际需要可适当延伸至站外护坡、出线杆塔及周边隐患点等区域。除此之外，变电站无人机作业需要满足电力行业的安全要求、人员要求和环境要求。

6.1.1 人员要求

作业人员在执行无人机作业建议满足以下几点：

（1）掌握无人机操控与变电运行维护相关专业知识，掌握无人机作业流程，接受相应技术技能培训并经考试合格。

（2）手控操作飞行作业人员应取得公司认可机构颁发的证件，如 AOPA（中国航空器拥有者及驾驶员协会）颁发的民用无人机驾驶员合格证等。

（3）作业人员确保精神状态良好，无妨碍无人机作业的疾病和心理障碍。

（4）开展手控操作飞行作业，作业人数建议至少配置 2 人。

6.1.2 装备要求

变电站内执行巡检作业的无人机装备建议满足以下几点：

（1）在变电站内执行无人机作业的宜为轻型和微型无人机，因变电站内的设备较密、间距较小，中型及以上的无人机无法在设备间隔内开展巡检作业。

（2）开展巡检作业的无人机应实名登记，国家颁布的《无人驾驶航空器飞行管理暂行条例》于 2024 年 1 月 1 日起施行，该条例第 47 条规定民用无人驾驶航空器（不分类型和重量）应当依法进行实名登记。

6.1.3　环境要求

无人机在变电站开展巡检作业的环境宜满足以下几点：

（1）宜在良好天气下进行，在雾、雪、雨、冰雹及风速超 8m/s 等不利于作业的气象条件下不应开展，已开展的作业建议及时终止。

（2）无人机作业环境温度宜满足所用型号无人机技术参数要求，若无明确要求，宜在 0～40℃范围内开展。

（3）无人机作业范围内存在迎风坡、风力湍流区等特殊微气象区域，建议根据无人机的性能及气象情况判断是否开展无人机作业。

（4）太阳活动水平高、地磁活跃水平高，会对无人机定位产生较大影响，尽量避免在这种情况下进行无人机作业，作业时需要关注无人机的状态，随时准备应急处置。

6.1.4　安全要求

无人机作业期间安全距离建议满足以下几点：

（1）开展作业前，宜确认无人机作业空域及场地内无大型施工现场、无吊车等高空作业车辆、无施工人员及施工车辆频繁来往，如果存在以上情况，不建议开展无人机巡检作业。

（2）现场人员与无人机宜保持大于 2m 的安全距离，无人机正下方及飞行前进方向不宜有人员逗留或通过。

（3）为避免无人机在开展作业时受到强磁场或高压击穿等因素影响，无人机与变电站运行的高压设备宜保持合适的安全距离。

（4）无人机与地面垂直距离宜大于 2m，且人、机相对高度不宜大于 120m。

6.2　日常巡检

变电站常见的巡检业务主要有三类：外观巡检、表计巡检和红外巡检。这三类巡检业务，按照设备的重要等级和风险管控要求，均有不同的巡检周期要求，且随着电网风险、作业风险或环境风险等因素的影响动态调整。

6.2.1　外观巡检

无人机外观巡检是使用无人机机载可见光摄像头对变电站户外设备开展巡检，无人机在作业过程中拍摄的可见光照片，通过站内部署的机库传输至网络的无人机监控后台，作业人员可在后台查看回传的照片，同时也可通过机载摄像头的视频影像实时巡查变电站设备及环境，以此实现无人机外观巡检。

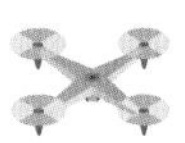

变电无人机外观巡检区域建议为户外变电站高压场地，巡检对象建议覆盖变电专业日常运维的设备间隔，变电站内重要的设备间隔有主变压器间隔和开关间隔等。作业人员依据相关运维要求及运维人员的工作经验，对变电设备的重要部位开展巡检，以主变压器和断路器为例说明。

如图 6-1 所示为变电站主变压器间隔航线：无人机不仅对设备外观进行整体拍摄，还对一些重要部位或巡视侧重点进行精确拍摄。

图 6-1　变电站主变压器间隔航线

无人机对主变压器顶部整体拍摄，宜覆盖顶部区域的所有部件，如顶部输油管的管道和阀门、压力释放阀、套管及其升高座等，如图 6-2 所示。主变压器顶部一般为人工巡视的视野盲区，所以在传统的运维模式下，主变压器顶部的设备缺陷存在发现困难、跟踪不及时等问题，无人机较好地解决了这类问题。基于无人机的装备参数及作业经验，对于主变压器的整体拍摄有几点建议：

（1）无人机宜从多角度对主变压器顶部进行拍摄，尽量覆盖顶部的所有设备及关键部件。

（2）无人机云台俯仰角宜调整为合适范围内，主变压器整体外观宜充满整张照片，且居于图片中央为较好的拍摄效果。

（3）采用对角拍摄的方式，可覆盖到正面和侧面散热片直接的过渡部分。

无人机对主变压器重要部件的巡检，主要分两类对象：指示类部件及普通类部件。常见的指示类部件有呼吸器、油位指示计或油流指示计等，这类部件特点是可通过表计上的可视化标识，来判断设备的运行情况；普通类部件有散热片、箱体、套管、阀门、输油管或储油柜等，这类部件没有明显的可视化标识，需要通过观察其外观来判断设备的运行情况。

图 6–2 主变压器外观巡检—整体巡检

根据实践经验，为提高对普通类部件的拍摄质量，可总结以下几点：

（1）无人机拍摄距离不能过远，宜覆盖完整的部件外观，部件外观较大的建议采用拍摄多张照片，确保无人机对设备的完整覆盖。主变压器外观巡检—散热片及底座外观如图 6–3 所示，该照片正好拍全主变压器正面的散热片。

（2）云台俯仰角宜调整为合适范围内，部件外观宜充满整张照片，且居于图片中央为较好的拍摄效果。

（3）重要的设备部件采用对角拍摄的方式，例如主变压器的变低母线桥，其穿墙部位只拍一侧时，另一侧为视角死角无法覆盖，需要补充另一侧的拍摄，如图 6–4 所示。

图 6–3 主变压器外观巡检—散热片及底座外观

图 6–4　主变压器外观巡检—变低母线桥外观

作业人员需要在照片里识别可视化标识，故指示类部件的拍摄要求较高，可总结以下几点：

（1）拍摄对象居图片中央，以实际可见光镜头看清指示类标识为准，如图 6–5 所示。

（2）云台拍摄角度宜做适当调整，个别部件因安装位置较低，可适当增加一点俯角，宜拍清表盘及指示标识，如图 6–6 所示。

图 6–5　主变压器外观巡检—主变压器呼吸器

图 6–6　主变压器外观巡检—输油管外观

主变压器套管是主变压器间隔最重要的设备之一，该设备包括指示类部件（油镜或油位计）和普通类部件（瓷套及伞裙等），且主变压器三侧及各侧中性点均有安装，数量较多，无人机对套管的巡检方式宜采用以下几点：

（1）油镜宜用正拍的方式，且拍摄距离在合适范围内，电压等级较高的适当增加拍摄距离，以看到油镜油位或油位计指示标识为准。

（2）为提高作业效率，可将油镜和瓷套放在一张照片，瓷套覆盖到升高座处，拍摄距离以可看清套管瓷套表面有裂纹为准，如图 6–7 所示。

（3）套管采用多张照片对其覆盖，尽量避免瓷套外观有拍摄死角，如图 6–8 所示。

图 6-7 主变压器外观巡检—变高侧套管

图 6-8 主变压器外观巡检—套管补充拍摄

6.2.2 表计巡检

表计巡检是无人机对变电站设备的压力表、油位表、油温绕温表等指示类部件开展可见光巡检，此类航线有着具体的巡检职能，如固定周期开展的表计类维护工作、天气骤冷量化特巡、迎峰度夏期间高温高负荷特巡等。量化类航线规划要遵循两个原则：无人机与表计尽可能地近且满足安全距离、表盘要居中，主要是服务于图像识别，表盘集中的图片更容易被智能算法模型定位和识别准确读数，如图 6-9 和图 6-10 所示。

图 6-9 220kV 某变电站 220kV 开关 SF_6 表计航线

图 6-10 220kV 开关 SF_6 表计航线拍摄效果

表计航点和航线对模型的精细度和航线规划人员的技能熟练度均有一定的要求，航线规划人员需要熟悉现场设备和模型，清楚表计的位置和表计的朝向（见图 6-11 和图 6-12）。此外，无人机拍摄表计的时间和环境也有要求：无人机拍摄表盘时不能逆光，也不能背光，需要保证无人机可见光摄像头有足够的进光量。在执行表计航线时，无人机速度不能过快，否则无人机飞到预设拍摄点时需要调整姿态，很容易导致摄像头未对准，照片的拍摄质量不高，另外要格外关注无人机 RTK 的稳定性，因为拍摄表计的航点一般距离设

备较近，RTK 的定位不准会导致无人机误碰设备，造成无人机的损坏。

图 6-11　220kV 母线 TV 油位

图 6-12　主变压器储油柜油位表

对于同一座变电站内的同一类设备的表计航点进行航线规划，可以直接参照相邻间隔的航点参数，前提是表计的安装位置和表盘朝向是相同的，如图 6-13 所示，这两台 500kV 断路器的厂家、参数基本一样，表计的安装位置和朝向基本一致，可用相似的航点参数实现对表计的拍摄。

图 6-13　500kV 某变电站 500kV 第二串断路器 SF_6 表计

对于同一座变电站同一类设备，会因来源于不同厂家导致设备表计安装位置不同。例如，图 6-13 所示为 500kV 某变电站 500kV 第二串断路器 SF_6 表计，图 6-14 所示为同一变电站 500kV 第三串断路器 SF_6 表计，都是同一变电站的 500kV 断路器，前者是 2009 年 11 月投产，后者是 2017 年 12 月投产，投产时间不一致，这两批投产的设备厂家和参数不同，在保证电气参数基本一致的情况下，设备外观发生了变动，表计位置和外观也发生了变化，因此对于该变电站的不同厂家的 500kV 断路器表计的航点规划应根据现场实际情况做调整。

图 6–14　500kV 某变电站 500kV 第三串断路器 SF_6 表计

部分地市局的机巡作业人员由于缺少在变电站的运维工作经验，对于变电站现场设备不熟悉，规划的表计类航点可能会与现场不一致，很容易出现如图 6–15 和图 6–16 所示的这种情况：表计的朝向和位置标定错误，导致无法拍摄到表计或拍不全表盘。

图 6–15　电流互感器 SF_6 表计拍到背部

图 6–16　电流互感器 SF_6 表盘未居中

当前绝大部分存量敞开式变电站表计朝向是方便人工巡检时观察，即值班人员走到设备附近，抬头检查表计读数，所以传统敞开式变电站的设备表计朝向是斜向下，无人机可见光摄像头正面拍摄时，如图 6–17 所示，不满足量化巡检的基本要求。

图 6–17　设备表计被本体构架遮挡

部分型号的无人机摄像头已支持仰拍模式，在航线规划过程中，可通过调整无人机云台适当的仰角，同时将表盘居中，可达到对表计的最优角度拍摄。经现场测试，通过这种方式，表计照片的清晰度和完整度得到大幅提升，效果如图 6–18 所示。

图 6–18　500kV 某变电站部分仰拍量化航点照片

6.2.3　红外巡检

红外巡检是无人机使用红外摄像头对预定设备的部件点进行拍摄。目前，常用的双光无人机的红外摄像头和可见光摄像头光圈参数不一致，可见光的无人机航线无法契合红外测温的拍摄要求，这是无人机本身装备参数的限制，为适应红外摄像头的参数，无人机红外测温的航线必须单独规划。作业人员可根据相关的规范和准则，对无人机的航线进行定制化，常见的无人机拍摄图片如图 6–19 和图 6–20 所示。

图 6–19　220kV 某变电站主变压器红外测温

图 6–20　220kV 某变电站开关红外测温

红外巡检的主要目的是通过红外成像的原理查找设备的异常发热点，在红外图片中异常发热处明显与正常发热处不同。变电设备常见的异常发热分为电流致热型和电压致热型。

电流致热型较为常见，多见于导电部位的连接部位，发热处与正常处的温差较大，红外照片中较为明显，如图 6–21 所示，该类发热多为导电连接处因氧化或安装不到位导致接触电阻增大，通过焦耳定律可知，电流相同时电阻越大发热量越大。变电设备基本为三相设备，发热缺陷的判定通常为异常发热相与正常相作对比，如图 6–22 所示。

图 6-21　500kV 某变电站主变压器变低侧套管与过渡母线接连处异常发热

图 6-22　500kV 某变电站 220kV 出线套管引线 B 相与 AC 两相对比异常发热

电压致热型较为少见，一般出现在绝缘套管或支撑绝缘子处，特点是发热温度较低，比较难发现，如图 6-23 所示，110kV 某变电站某开关间隔内引线支撑 B 相绝缘子与 AC 两相对比，温差仅有 3℃。相较于电流致热型，电压致热型缺陷更加隐蔽、更容易被忽略，如图 6-24 所示，此类缺陷继续发展下去会导致支撑绝缘子被电压击穿失去绝缘作用，附近工作的变电站运维人员有触电的人身风险。

图 6-23　110kV 某变电站某开关间隔内引线支撑 B 相绝缘子与 AC 两相对比异常发热

图 6-24　110kV 某变电站某出线侧引线 B 相支撑绝缘子电压致热型发热

目前行业内常用的双光无人机的红外测温摄像头的分辨率是（640×512）ppi，相比变电站常用的手持式红外测温仪的分辨率［目前已达（1280×720）ppi 以上］较低，且无人机与被测的设备之间的距离一般为 20m 以上，所以无人机测温的数值与设备实际的发热温度值有一定的误差。为保证测温结果的准确性，变电站无人机自动巡检检测到的异常发热，还需要变电站值班人员到现场复测，才能做最终的判定。

无人机红外测温的结果虽有误差，但可以对设备进行持续监控，通过对比近几次的测温照片，也可以跟踪发热缺陷的发展情况，可作为一种预警手段。图 6-25 所示为 220kV 某变电站 10kV 电容器组并联电容器连接母排接触点异常发热。

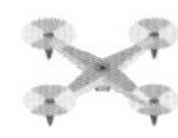

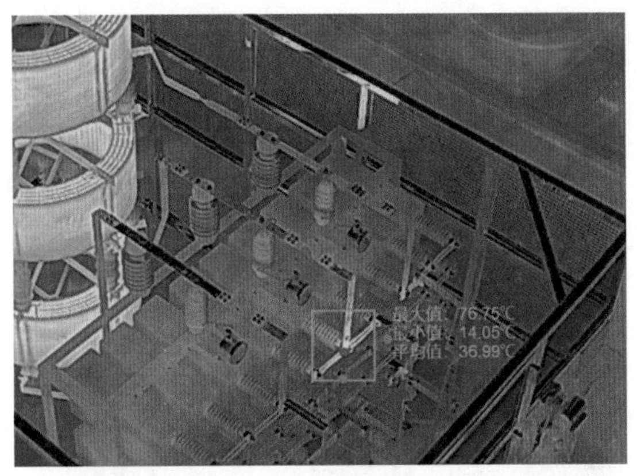

图 6-25　220kV 某变电站 10kV 电容器组并联电容器连接母排触点异常发热

6.2.4　典型案例

无人机在变电站开展日常类巡检过程中发现的缺陷，根据巡检类型、缺陷种类、主要聚焦于发热类、渗漏油类、锈蚀类、结构缺失类等，以下举几个典型案例：

案例一：110kV 某变电站 2 号主变压器发热缺陷

2022 年 9 月 16 日，110kV 某变电站开展无人机日常巡检时，发现 2 号主变压器 A 相变低套管发热异常，发热位置在主变压器 A 相变低套管侧顶部，处于人眼的死角位置，人工巡检难以发现。

无人机巡检作业人员经分析研判，2 号主变压器 A 相变低套管与变低管母软连接处温度达 91.05℃，B 相则为 59.95℃，C 相则为 61.15℃，环境温度约 35℃，根据 DL/T 664《带电设备红外诊断应用规范》判定为重大缺陷，经运行人员现场人工红外复测后，上报缺陷并启用消缺流程，如图 6-26 所示。

图 6-26　110kV 某变电站 2 号主变压器缺陷情况

案例二：110kV 某变电站 1 号主变压器漏油缺陷

2023 年 6 月 16 日，110kV 某变电站开展无人机日常巡检时，发现 1 号主变压器油箱顶部无载调压开关处渗油异常，处于人眼的死角处，缺陷位置人工巡检难以发现。

无人机巡检作业人员经分析研判，2 号主变压器顶部无载调压开关处渗油，根据每分钟的渗油量判定为一般缺陷，经运行人员现场人工复核后，上报缺陷并启用消缺流程，如图 6-27 所示。

图 6-27　110kV 某变电站 1 号主变压器漏油缺陷情况

案例三：110kV 某变电站互感器 SF_6 气体泄漏缺陷

2023 年 7 月 13 日，110kV 某变电站开展无人机日常巡检时，发现 1 号主变压器变高 TAC 相和 110kV 2M 母线 TV A 相两处的 SF_6 气体压力低（见图 6-28 和图 6-29），该两处表计装设位置较为偏僻，人工巡检难以观察，无人机在表计上报报警信号前就发现设备的漏气缺陷，充气式高压互感器持续漏气会导致设备绝缘性降低，进而导致设备被高压击穿造成非计划性停电事故。该缺陷的及时发现和消缺，有效阻止了缺陷进一步恶化的可能，降低了设备运行风险。

图 6-28　110kV 某变电站电流互感器 SF_6 气体泄漏缺陷

图 6-29　110kV 某变电站电压互感器 SF_6 气体泄漏缺陷

6.3　特殊巡检

变电站特殊巡检，是在气象或环境突变、设备异常或电网风险变化这两种情况下，对变电站特定的设备或区域开展的特殊类巡检。常见的有变电站周边隐患排查、台风或暴雨来临前后的防风防汛特巡、迎峰度夏或气温骤冷时关键设备特巡等。

6.3.1　周边隐患特巡

无人机可实现变电站周边隐患排查工作，实施方式是无人机飞至 80～100m 高度，对变电站围墙四周进行拍摄，旨在排查变电站外部周围的居民区和工商业区有无威胁到变电站运行的隐患黑点，如图 6–30 所示。重点关注的有：

图 6–30　无人机对 220kV 某变电站开展周边隐患排查

（1）变电站周边是否存在飘挂物隐患。

（2）持续降雨的间隙，检查变电站周边的水土流失情况。

（3）持续高温干旱天气，对变电站周边开展防山火特巡。

（4）地质灾害的前后，对灾情的勘察。

6.3.2　防风防汛特巡

广东省尤其是近海地区，每年 4～10 月是台风和强降雨天气的高发期，这期间对变电站运维有更高的要求，在台风、暴雨等恶劣天气前后都要开展防风防汛特巡。重点关注的有：

（1）变电站的护坡、挡土墙、排水沟以及变电站的抽排水系统是否正常。

（2）建（构）筑物门窗是否关好。

（3）各建（构）筑物屋顶是否积水。

（4）高压场地端子箱、汇控箱等箱门闭合良好。

利用无人机装备的高机动性和灵活性，可用机载的高清可见光摄像头，覆盖变电站内设备构架、楼房、功能室、围墙等构建物，以及护坡、挡土墙、屋顶排水等设施。相对人工巡检，无人机巡检用时更短、覆盖更广、效率更高，如图 6-31～图 6-34 所示。

图 6-31　无人机防风防汛特巡—设备构架

图 6-32　无人机防风防汛特巡—建（构）筑物门窗

图 6-33　无人机防风防汛特巡—屋顶排水

图 6-34　无人机防风防汛特巡—箱体检查

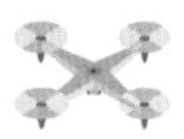

6.3.3　典型案例

无人机在变电站开展特殊类巡检过程中发现的缺陷，根据巡检类型、缺陷种类、主要聚焦于防飘挂物类、异常发热类、建（构）筑物等。

案例一：220kV 某变电站围墙护坡坍塌隐患

2022 年 7 月 3 日，“暹芭”台风过后，某供电局 220kV 某变电站开展无人机防风防汛风后特巡，发现变电站围墙周边积水严重，围墙护坡坍塌，存在安全隐患。

地市级变电管理所经分析研判，围墙周边积水导致土质疏松，护坡坍塌导致围墙受力不均，存在围墙倒塌、土方坍塌的安全隐患，且有进一步恶化的趋势，如图 6–35 所示。

图 6–35　220kV 某变电站围墙护坡坍塌情况

案例二：500kV 某变电站站外飘挂物隐患

2023 年 7 月 27 日，台风“杜苏芮”登陆前，500kV 某变电站开展无人机防风防汛风前特巡，发现变电站围墙边有违建铁皮屋，存在安全隐患。

地市级变电管理所经分析研判，500kV 某变电站围墙边违建铁皮屋未对屋顶铁皮进行加固，距离高压场地距离较近，存在屋顶铁皮吹挂设备上导致事故跳闸安全风险，如图 6–36 所示。

图 6–36　500kV 某变电站站外飘挂物隐患情况

6.4 辅助巡检

变电站无人机辅助巡检，是广东片区在对无人机深化应用的生产实践过程中，逐步发掘和试点的其他类使用手段。此类应用与日常巡检和特殊巡检的区别在于，无人机辅助巡检在该类生产场景应用中为非主导地位或尚未得到广东片区或行业内广泛认可，主要起辅助完成该项工作的作用。部分地市局在经过长期的实践验证后，已将无人机辅助巡检纳进业务的标准流程中。

6.4.1 辅助勘查

无人机的一大特点是可满足高空视野，在地理勘查方面有着得天独厚的优势。无人机很容易飞至100～200m的高空，部分限高区域仅能飞到120m高度。在100m的高空，无人机对变电站周边环境和地形地貌开展勘查，在可见光摄像头像素足够的前提下，足以看清变电站周边情况，如图6–37所示。

图 6–37 无人机对 500kV 某变电站扩建工程施工现场勘查

无人机在变电站高空对站内设备进行勘查，如图6–38所示，上级部门计划实施500kV某变电站新增主变压器扩建工程，使用无人机对预施工现场进行勘查，电力设计院专业设计师可结合现场勘查图片，制定设计方案。

6.4.2 辅助操作

随着变电站无人机应用的不断深入应用，部分地市局开展无人机配合程序化操作，辅

图 6–38　无人机对 500kV 某变电站 500kV 高压场地现场勘查

助判断隔离开关位置的试点应用。在调度操作结束后，充分利用无人机远程巡检，结合智能识别算法识别隔离开关位置状态，相比人工到站确认隔离开关位置，大大提高了程序化操作确定隔离开关位置的效率，如图 6–39 所示。

当前部分变电站的程序化操作，还需要值班人员到现场确认隔离开关位置，再和调度部门进行沟通汇报。引入无人机辅助判断机制后，调度部门可直接操控变电站侧部署的无人机，飞至需要确认的设备间隔进行拍摄，便可确认现场设备的位置，省去了调度部门与变电站人员的沟通环节，将原有的人工确认隔离开关位置的 0.46h 缩短至无人机到位的 0.08h，极大提高了操作效率，节约了大量的人工成本，如图 6–40 所示。

图 6–39　无人机辅助判断隔离开关位置

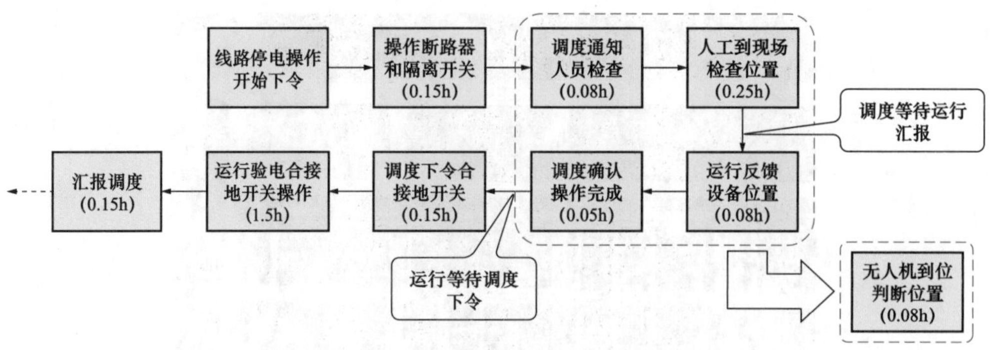

图 6-40　程序化操作相关流程

6.4.3　辅助应急

常见的变电站应急场景是值班人员接收到某座变电站发出的异常信号，需要人员赶赴现场确认核实，然后采取对应的处置措施。根据调度部门的相关制度规定，变电值班员到站确认信号有时间要求，必须要在规定的时间节点前报送完整的告警信息。变电运维人员的值班模式多是集中在某一个中心站办公，其他站出现异常告警时，当值人员驱车赶往变电站，在途时间以告警变电站的距离而定，一些偏远变电站需要 1h 以上的车程，往往到站后留给调度部门和变电运维人员的反应时间所剩无几。随着变电无人机装备的覆盖升级和省级无人机平台功能模块的迭代完善，变电站内部署的无人机和机库已初步具备快速反应能力，可通过远方控制第一时间到位确认告警现场。

案例一：110kV 某变电站主变压器变低套管严重漏油缺陷

2023 年 9 月 12 日，某供电局调度部门监控中心收到 110kV 某变电站 2 号主变压器轻瓦斯告警信号，当即通知作业指挥中心值班人员控制站端的无人机对 2 号主变压器间隔开展一次无人机巡检作业，立即拿到现场图片资料，确认了 2 号主变压器变低套管存在严重漏油缺陷（见图 6-41），且缺陷明显有进一步发展的可能，第一时间安排对 2 号主变压器进行隔离停电处理，同时变电管理所马上组织停电操作和安排专业班组进场消缺处理，保证了电网安全稳定运行。

图 6-41　110kV 某变电站 2 号主变压器变低套管严重漏油缺陷

案例二：220kV 某变电站 220kV 某线 ×× 断路器压力低误告警

2023 年 5 月 21 日，某供电局调度部门监控中心收到 220kV 某变电站 220kV 某线 ×× 断路器压力低告警信号，当即通知作业指挥中心值班人员控制站端的无人机对 220kV 某线 ×× 断路器间隔开展一次无人机巡检作业，立即拿到现场图片资料（见图 6-42），确认了现场 220kV 某线 ×× 断路器 SF_6 表计处于正常位置后反馈给监控中心为误告警，避免了人员长途开车后到站确认的情况，节约了人力和物力，提高了应急状态下对现场设备确认的效率。

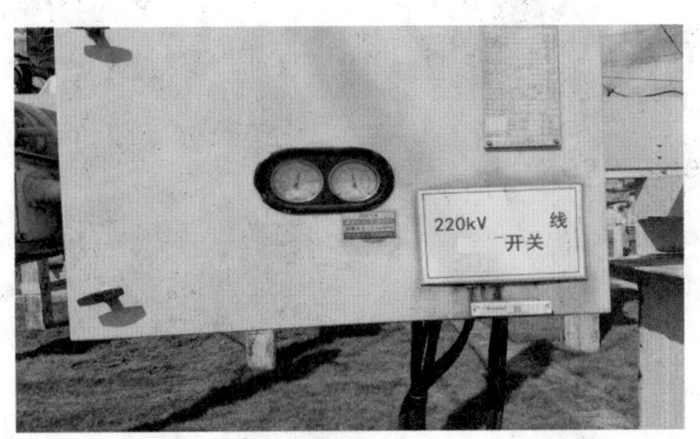

图 6-42　220kV 某变电站 220kV 某线 ×× 断路器压力低误告警

6.4.4　辅助验收

随着国民经济的不断发展，电网规模也在不断扩张，每年全省各地都有大量新增变电站要并网运行，新建变电站投入运行前的验收工作量也逐渐加大，为提高验收效率，保证变电站按时按量投产，电网企业开始引入无人机等智能装备参与验收工作中。

2023 年 8 月 9 日，某供电局 220kV 某变电站投产前开展无人机验收工作，对高跨导线、主设备构架、绝缘子及各类一次设备顶部进行精确拍照（见图 6-43），发现了多处施工杂物遗留问题、构架螺栓未上紧等工程质量问题。对比人工验收，无人机对高空区域的设备拍摄更清晰、覆盖更全面、定位更准确，该工程无人机共发现了 5 处运行人员较难发现的工程质量问题。不仅保证了新建变电站零缺陷投入运行，更大大降低了人工验收过程中登高作业的风险。

图 6-43　220kV 某变电站使用无人机开展验收工作（一）

图 6-43　220kV 某变电站使用无人机开展验收工作（二）

6.4.5　辅助安监

由于摄像头数量，摄像头拍摄角度，信号不稳定等因素不能全方位对作业现场进行监控，如图 6-44 所示，智慧安监摄像头管控作业现场不全面，通过无人机巡检可巡航往返多个工作地点，拍摄角度和范围无限制，信号稳定且管控范围广，极大辅助现场作业安全管控，如图 6-45 所示。

图 6-44　传统安监摄像头监控视角

图 6–45　无人机摄像头监控视角

6.5　协同联合巡检

整合无人机装备和系统平台的优势和资源，集中输电、变电、配电三个专业的巡检业务内容，建立输电、变电、配电网格化联合巡检作业体系。

6.5.1　变电站立体协同巡检

变电站应综合应用摄像机、无人机、机器人、数字化表计及传感器等终端实现协同巡检，各类巡检终端应综合复用，合理配置。设备间隔的空域分布，按照高度大致分为“低空、中空和高空”，无人机以其装备优势特点可覆盖高空和中空区域，摄像头可补充覆盖中空部分飞行管制区域，机器人覆盖低空区域。

协同巡检终端的巡检任务宜形成互补，以提高协同巡检的效率；巡检重点关注目标或需对巡检目标进行交叉核对时，协同巡检智能终端的巡检任务可重叠。

变电站日常巡检、特殊巡检、辅助巡检宜综合采用“机巡 + 人工巡检”的协同巡检模式。机巡包括利用摄像机、无人机、机器人及数字化表计等各类智能终端进行的巡检，通过智能终端无法实现巡检的，应结合实际情况转由人工巡检模式。人工巡检模式主要对箱体检查、声音、振动等机巡无法完全覆盖的部分，以及机巡无法自动识别、需要人工干预的部分，与机巡互为补充。智能终端或者系统发生异常，以及现场环境不利于机巡工作时，应转人工巡检模式，见表 6–1。

表 6–1　　变电设备巡检到位策略表（以主变压器为例）

序号	智能运维策略巡检侧重点	具体点位	巡检终端
1	油温、绕组温度正常。现场温度计指示的温度正常	油温表	摄像头
		线圈温度表	摄像头

续表

序号	智能运维策略巡检侧重点	具体点位	巡检终端
2	吸湿器中油色未变黑、硅胶变色未超过 2/3，油杯的油位应在油位线范围内	呼吸器	摄像头
3	气体继电器防雨罩完好。气体继电器与集气盒内应无气体，油色无浑浊、变黑现象	本体气体继电器	无人机
		气体继电器观察窗	摄像头
4	铁芯、夹件、外壳及中性点接地良好	铁芯接地	机器人
		夹件接地	
		外壳接地	
		中性点接地	无人机
5	变压器与各侧引线上无异物，引线接头无松动、过热、烧红	各侧引线	无人机
6	低压母排热缩包裹及接头盒应无缺损、脱落现象	变低母排	无人机
7	变压器基础无下沉	主变压器基础	机器人
8	套管瓷套无污秽、破损、裂纹和放电痕迹。复合绝缘套管伞裙无龟裂老化现象	主变压器各侧套管	无人机
9	压力释放装置密封良好，无渗油	压力释放阀	无人机
10	喷淋装置或排油充氮灭火装置良好	喷淋装置	无人机
11	油流指示器指示正常，箱体的接地良好	油流指示器	人工巡检
		箱体接地	机器人
12	散热片无积聚大量污尘。同一工况下，各散热片的温度应大致相同	散热器	无人机

6.5.2 输电、变电、配电网格化联合巡检

随着变电无人机的深度应用，全省变电站部署的机库及无人机已有相当的规模。基于变电无人机远程巡检平台，以各变电站为中转枢纽，可以建立输电、变电和配电多专业融合的巡检机制，如图 6–46 所示。

输电、变电、配电网格化巡检可将相关的无人机、技术人员等资源进行统一整合，通过统一的调度安排，可有效降低现有运维方式的资源裕度和闲置，可进一步提高变电无人机的利用率，如图 6–47 所示。

利用规模化部署的无人机机库和集群化作业的无人机（见图 6–48），可实现对输电、配电线路通道巡检、可见光精细化巡检和缺陷识别、红外影像缺陷识别、违章施工喊话警示、线行隐患识别，以及实现对变电站设备的可见光精细化巡检和缺陷识别、红外影像缺陷识别、读取表计和油位等功能，为生产运维提质增效。同时，通过远程下达自定义航线任务，无人机能够迅速前往灾害现场，传回受灾情况的实时画面，为生产指挥监控中心的抢险救灾决策提供强有力的技术手段。

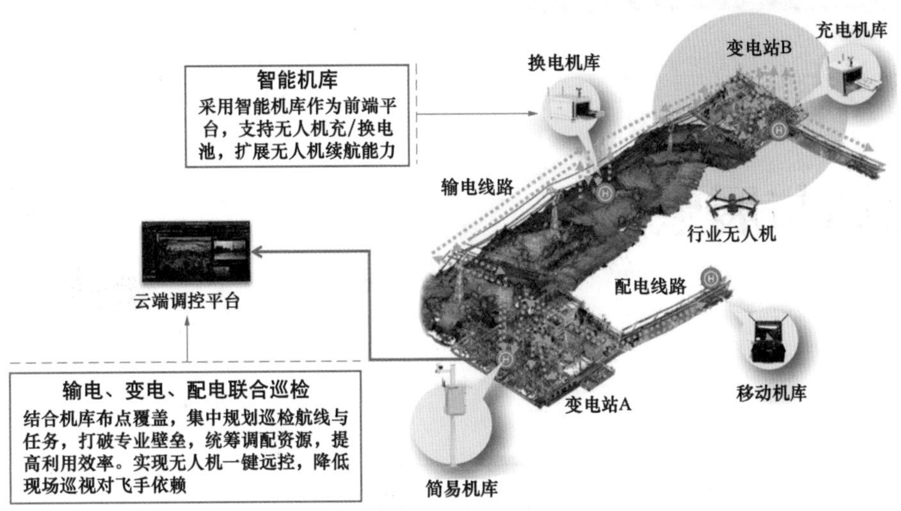

图 6-46　输电、变电、配电联合巡检示意图

图 6-47　输电、变电、配电无人机融合作业场景

图 6-48　输电固定机库无人机智能巡检作业

第7章

总结与展望

7.1 总结

本书围绕变电站无人机巡检安全性研究、三维建模、航线规划、系统建设及应用等方面进行介绍，具体内容总结如下：

（1）介绍了变电站智能巡检技术现状，分析了现有智能巡检技术的优势和不足，阐述了变电站无人机智能巡检技术特点，同时指出了现阶段变电站无人机巡检技术在理论实验研究上的不足。

（2）利用仿真建模、理论分析、实验室试验研究等手段，进行了临近设备电场仿真、穿越设备电场仿真、电磁场抗扰度仿真、机型尺寸理论分析、极限运行工况分析等理论仿真分析，开展了临近设备间隔试验、穿越设备间隔试验、临近设备电晕试验、电磁场抗干扰度试验、设备碰撞试验等试验研究，获得了用于变电站巡检无人机的安全尺寸、飞行速度及相应速度下的质量要求以及无人机作业时的安全距离量化标准。

（3）阐述了倾斜摄影建模、激光雷达建模、BIM建模、混合建模等变电站三维建模技术的原理和方法，考虑到变电站内设备密度高、种类多样、结构复杂等因素，介绍了各种建模技术的应用要求和示例，以满足后续无人机自动巡检航线规划的精度与无人机自动巡检作业的安全性要求。

（4）介绍了子母航线规划方法、同纵同横规划方式两种典型航线规划方式及其适用场景，从作业安全、作业效率、巡检质量三个方面介绍了航线质量要求，提供了变电站无人机巡检航线规划中的航点选择及设置要求，保证无人机巡航的安全高效。

（5）从硬件装备、系统平台、图像识别及调试部署等方面介绍了变电站无人机智能巡检系统建设，为变电站无人机巡检提供实践基础。

（6）介绍了变电站无人机智能巡检系统作业要求，阐述了日常巡检、特殊巡检、辅助巡检等典型巡检模式的技术特点和应用案例，展示了协同联合巡检探索实践情况。

7.2　展望

随着数字电网的发展，在提质增效和智能运检需求的驱动下，变电站无人机智能巡检技术将迎来迅速发展。

（1）点云自动矢量化建模。为解决变电站点云结构复杂，难以开展自动化分类、识别的技术难题，研究适用于变电站复杂三维点云的降噪、均质等预处理技术，降低点云处理难度，提高建模的可靠性；研究主要变电站一次设备参数化模型与点云匹配技术，实现基于参数化模型自动建模；研究基于小模型的深度学习变电站点云分类及设备单体化提取技术，实现变电站主要设备、设施的点云分类和单体化；基于高密度点云 / 彩色点云的多角度渲染图的大模型电力设备图像微调等路线，研究变电一次设备及部件的识别和定位技术，实现部件级点云分类，实现三维模型中部件的单体化。

（2）无人机自动驾驶技术。为解决通信突发异常、GNSS 定位劣化时无人机飞行安全受影响的问题，开展拒止条件下无人机自动驾驶技术研究，研究面向全局规划立体路网构建技术，实现全局尺度下无人机自动驾驶到达巡检位置；研究基于视觉的多模态融合无人机定位导航技术、基于轻量化深度学习框架的目标识别与分析技术，实现局部尺度下无人机自动寻找、识别、拍摄巡检目标，在变电领域实现无需人工规划航线、“一键式”无人机自动巡检，全方位提升巡检质量和效率。

（3）云台精确对准技术。为解决变电站无人机巡检拍摄设备图片目标模糊、目标过小、位置偏移等问题，研究变电复杂环境无人机边缘端图像识别技术，研究适应无人机不同巡检距离的设备图像识别算法，研制内嵌式边缘计算无人机硬件装置，实现变电站密集设备和环境准确识别；研究户外光照和天空背景亮度变化等复杂环境图像预处理和全景匹配算法，提出基于云台位置伺服控制的航线规划和巡检安全性校核技术，实现变电站多种设备的精确对准与安全巡检。

（4）精准定向无人机反制。为解决变电站无人机敌我识别难，无法精准反制的问题，研究无人机通信协议，提取无人机自身唯一标识、高度、经纬度、速度、飞手位置等准确数据；研究远程识别技术，能够接收识别所有支持远程识别规范的无人机精准数据；研究相控阵雷达技术，实现无人机的精准定位，并为定向打击设备提供指引；研究定向微波反制技术，实现定向精准打击。

未来，变电站无人机巡检系统的可靠性和巡检效率将显著提升，电网巡检实用化水平将显著提高，在线作业时间将显著延长。无人机跨专业联合巡检技术进一步深化，在输电、变电、配电领域全面推进。无人机与电力机器人将实现融合发展，无人机与人将和谐相处，实现协同作业或代替人员作业，无人机将更人性化和便于使用。通过电力行业无人机产业生态链培育，无人机将向“高可靠”“轻量化”“网络化”“智能化”“模块化”“集群化”“共融化”方向发展，适用于不同电力专业领域和不同应用场景，推动变电站和换流站智能运检、输电线路智能巡检、配电智能运维体系建设，以数字化智能化电网支撑新型电力系统建设。

参考文献

[1] 唐炬 . 高电压工程基础 [M].2 版 . 北京：中国电力出版社，2018.09.

[2] 中国电力工程顾问集团有限公司 . 电力工程设计手册 [M]. 北京：中国电力出版社，2019.06.

[3] 杨旭东，黄玉柱，李继刚，等 . 变电站巡检机器人研究现状综述 [J]. 山东电力技术，2015，42（1）：5.

[4] 杨森，董吉文，鲁守银 . 变电站设备巡检机器人视觉导航方法 [J]. 电网技术，2009，33（05）：15–20.

[5] Dong X，Zhang B，Hu X，et al. Design of quadruped inspection robot for substation[J]. Journal of Physics：Conference Series，2021，1885（5）：052010–052016.

[6] Wang L，Yuan L H，Zhang Xin. Research on navigation and control method for inspection robot in smart substation[J]. Journal of Physics：Conference Series，2022，2330（1）.

[7] 鲁守银，张营，李建祥，等 . 移动机器人在高压变电站中的应用 [J]. 高电压技术，2017，43（01）：276–284.

[8] 蔡焕青，邵瑰玮，胡霁 . 变电站巡检机器人应用现状和主要性能指标分析 [J]. 电测与仪表，2017，54（14）：117–123.

[9] 张承模，田恩勇，胡星 . 变电站巡检机器人巡检路径规划策略的研究 [J]. 自动化技术与应用，2019，38（11）：89–93.

[10] Li B，Yang J，Zeng X，et al. Automatic gauge detection via geometric fitting for safety inspection[J]. IEEE Access，2019（7）：87042–87048.

[11] Wu H，Wu Y，Liu C，et al. Visual data driven approach for metric localization in substation[J]. Chinese Journal of Electronics，2015，24（004）：795–801.

[12] Wang Z，Cheng Z，Yang K，et al. Combined inspection strategy of bionic substation inspection robot based on improved Biological Inspired Neural Network[J]. Energy Reports，2021，1（7）：549–558.

[13] Kim S，Kim D，Jeong D，et al. Fault diagnosis of power transmission lines using a UAV–Mounted smart inspection system[J]. IEEE Access，2020（8）：149999–150009.

[14] Araar O，Aouf N，Dietz J. Power pylon detection and monocular depth estimation from inspection UAVs[J]. Industrial Robot，2015，42（3）：200–213.

[15] Diana Sadykova, Damira Pernebayeva, Mehdi Bagheri, et al. IN-YOLO: Real-Time Detection of Outdoor High Voltage Insulators Using UAV Imaging[J]. IEEE Transactions on Power Delivery, 2020, 35（3）: 1599-1601.

[16] 彭向阳，钟清，饶章权．基于无人机紫外检测的输电线路电晕放电缺陷智能诊断技术[J]. 高电压技术，2014，40（08）：2292-2298.

[17] 刘壮，杜勇，陈怡，等．± 500kV 直流输电线路直线塔无人机巡检安全距离仿真与试验[J]. 高电压技术，2019，45（02）：426-432.

[18] Chen D Q, Guo X H, Huang P, et al. Safety Distance Analysis of 500kV Transmission Line Tower UAV Patrol Inspection[J]. IEEE Letters on Electromagnetic Compatibility Practice and Applications, 2020, 4（02）: 124-128.

[19] 万能，宋执权，汪晓，等．基于电磁场信息的输电线路无人机巡检安全距离仿真分析[J]. 安徽电气工程职业技术学院学报，2019，24（03）：33-37.

[20] 郑天茹，孙立民，娄婷婷，等．基于电磁场计算的输电线路无人机巡检安全飞行区域确定方法 [J]. 山东电力技术，2018，45（02）：27-30+3.

[21] 吴军，刘壮，吴向东，等．直流输电线路中无人机巡检安全距离电场仿真分析 [J]. 湖北电力．2017，41（04）：14-19.

[22] 许家文，阴西龙，万能，等．超特高压直流输电线路密集通道电磁场对无人机的影响[J]. 电工技术．2021（07）：125-130+133.

[23] 彭马娴，樊绍胜．面向 500 kV 同塔双回无人机精细化巡检的电磁防护与轨迹规划设计[J]. 电力学报，2023，38（01）：14-27.

[24] Li D J, Zhang Y, Chen Y, et al. Analysis of Safety for UAV Inspection of Electric Field in 220 kV Substation [C]. The Proceedings of 2023 4th International Symposium on Insulation and Discharge Computation for Power Equipment（IDCOMPU2023）: 493-503.

[25] Zhang Y, Li D J, Chen Y, et al. Research on Electric Field Safety Distance of High-Voltage Equipment in Substations Inspected by UAV [C]. The Proceedings of 2023 4th International Symposium on Insulation and Discharge Computation for Power Equipment（IDCOMPU2023）: 505-513.

[26] Zhang Y, Liu J M, Li D J, et al. Calculation of Electric Field for UAV Cross-Inspection in 220 kV Substation[C]. The Proceedings of the 18th Annual Conference of China Electrotechnical Society. ACCES 2023. Lecture Notes in Electrical Engineering, vol 1169. Springer, Singapore:818-826, 2024.

[27] Chen Y, Zhang Y, Li D J, et al. Magnetic Field Safety Analysis of UAV Inspection in 220 kV Substation[C]. The Proceedings of the 18th Annual Conference of China Electrotechnical Society. ACCES 2023. Lecture Notes in Electrical Engineering, vol 1169. Springer, Singapore:827-834, 2024.

[28] Li H P, Huang D C, Yang T L, et al. Study on the insulation level of the gap between UAV and typical high voltage equipment in 110 kV substation[C]. 2022 IEEE International Conference on High Voltage Engineering and Applications（ICHVE）. DOI: 10.1109/ICHVE53725.2022.9961657.

[29] 曾浩，王小梅，唐彩虹．BIM 建模与应用教程 [M]. 北京：北京大学出版社，2018.02.